世界遗产文献系列

世界遗产海洋遗址
——世界海洋保护区管理手册

[比]范尼·道威尔　编

张柔然　郭昕悦　孙茜　译

U0351920

南开大学出版社

天　津

图书在版编目(CIP)数据

世界遗产海洋遗址：世界海洋保护区管理手册 /
(比)范尼·道威尔编；张柔然，郭昕悦，孙茜译. —
天津：南开大学出版社，2021.1
 (世界遗产文献系列)
 ISBN 978-7-310-06053-5

Ⅰ.①世… Ⅱ.①范… ②张… ③郭… ④孙… Ⅲ.
①海洋－自然保护区－管理－世界－手册 Ⅳ.①X36－62

中国版本图书馆 CIP 数据核字(2021)第 006815 号

版权所有　侵权必究

世界遗产海洋遗址：世界海洋保护区管理手册
SHIJIE YICHAN HAIYANG YIZHI：
SHIJIE HAIYANG BAOHUQU GUANLI SHOUCE

南开大学出版社出版发行
出版人：陈　敬
地址：天津市南开区卫津路 94 号　　邮政编码：300071
营销部电话：(022)23508339　营销部传真：(022)23508542
http://www.nkup.com.cn

北京明恒达印务有限公司印刷　全国各地新华书店经销
2021 年 1 月第 1 版　　2021 年 1 月第 1 次印刷
230×170 毫米　16 开本　6.75 印张　121 千字
定价：28.00 元

如遇图书印装质量问题,请与本社营销部联系调换,电话:(022)23508339

作者：范尼•道威尔（Fanny Douvere），联合国教科文组织世界遗产中心海洋项目负责人。

英文编辑：特里•里德（Tory Read）。

中文译者：张柔然，深圳大学建筑与城市规划学院副教授，国际古迹遗址理事会国际文化旅游科学委员会副主席，国际古迹遗址理事会（ICOMOS）与世界自然保护联盟（IUCN）合作项目"文化—自然之旅"中国代表，国际古迹遗址理事会—国际风景园林师联合会文化景观科学委员会专家委员；郭昕悦，南开大学旅游与服务学院硕士，南开大学辅导员；孙茜，深圳技术大学创意与设计学院实验员。

中文顾问专家：姜波，国际古迹遗址理事会副主席，中国古迹遗址理事会副理事长，山东大学历史文化学院特聘教授；张同升，中国城市建设研究院有限公司世界遗产保护发展中心主任、研究员。

参与初稿翻译人员（按拼音字母排序，排名不分先后）：景淑彤、林旸、吕芳冰、毛万龙、沈凡淑、田佳佳、田嘉欣、王婧悦、肖诗庭、尹晨、余欣然、杨帆、杨钿畑、张皓文、张煜珠、赵义媛、钟映秋。

本出版物系国际古迹遗址理事会（ICOMOS）和世界自然保护联盟（IUCN）"文化—自然之旅（Culture-Nature Journey）"项目、国际古迹遗址理事会国际文化旅游科学委员会青年专业人员项目、中国古迹遗址保护协会文化景观专业委员会项目、深圳大学建筑与城市规划学院和中国城市建设研究院有限公司保护地合作项目，以及深圳大学美丽中国研究院项目阶段性成果。承蒙国家自然科学基金青年基金项目《探索"非权威"利益相关者对中国世界遗产地价值认知》（项目号 51908295）和中央高校基本科研业务费专项资金项目（63192250）支持。

译者序

　　遗产源自自然界波澜壮阔的宏伟变迁和人类文化孜孜不倦的野蛮生长，在翻涌不息的历史长河中为人类留下了既古朴庄严又历久弥新的宝贵财富，为人们诗意地栖居提供了无可取代的灵感和源泉。海洋占据了地表面积的70%，与陆上资源相比，海洋同样蕴含着大量具有突出普遍价值的自然奇观。然而，在规模和体系相对完整的世界遗产研究和实践成果前，对于世界遗产海洋遗址的探索则浅尝辄止。目前，我国尚未具有专门针对世界遗产海洋遗址的研究意识与行动，也未建立起世界遗产海洋遗址的规范标准。因此，在我国加快建设海洋强国和"21世纪海上丝绸之路"的背景下，对《世界遗产海洋遗址——世界海洋保护区管理手册》的翻译具有极强的理论与现实意义。

　　首先，本手册有利于指导我国海洋遗址地政府和相关利益者的保护与管理工作。本手册为遗产管理者提供了一整套步骤详细、通俗易懂的遗产相关工作指导意见，能够有效帮助遗产管理者解决当下的管理问题，促进世界遗产海洋遗址的长远保护和可持续发展。其次，本手册有利于促进世界遗产海洋遗址保护教育工作在我国的推广。本手册通过广泛传播海洋保护区成功的保护与开发案例，引发人们对世界遗产海洋遗址价值和地位的思考，同时为渴望了解世界遗产海洋遗址的人们提供了认识遗产资源、感悟遗产魅力的便捷窗口。最后，本手册有利于进一步发挥海洋价值，促进我国沿海地区的开放与发展。本手册为不同情境下的遗产保护与开发提供了不同选择，从多角度挖掘和发挥海洋遗产价值，能够有效刺激海洋资源的创新开发，为我国海洋战略的实施提供重要突破点，提升我国在海洋遗产保护与海洋资源利用上的影响力和话语权。此外，本手册一方面以联合国教科文组织政府间海洋学委员会提出的海洋空间规划倡议为基础编纂而成，囊括了大量创新的、科学的海洋保护概念，具有较强的专业性和理论价值；另一方面考虑到遗产管理者的不同文化和知识背景，手册以简洁明了的语言描述了改善世界遗产海洋遗址管理的通用步骤，具有广泛的适应性和实践价值。希望为不同背景、不同身份、不同目的的读者提供关于世界遗产海洋遗址的理论知识与工作指导。

衷心感谢联合国教科文组织世界遗产中心、国际古迹遗址理事会国际文化旅游科学委员会、中国古迹遗址保护协会对本手册在中国的应用和推广提供的帮助，感谢国际古迹遗址理事会（ICOMOS）副主席、中国古迹遗址理事会副理事长、山东大学历史文化学院姜波教授和中国城市建设研究院有限公司张同升研究员对本手册相关技术问题的指导和校对。感谢国际古迹遗址理事会国际文化旅游科学委员会主席弗格森·麦克拉伦（Fergus T. Maclaren）先生，感谢世界遗产研究会会长、前国际古迹遗址理事会副主席郭旃教授和南开大学旅游与服务学院徐虹教授、陈晔教授在翻译过程中的帮助。由于本手册中涉及较多专业性知识，翻译难度较大，疏漏之处在所难免，恳请各位读者批评指正。

张柔然　郭昕悦　孙茜
2021 年 1 月于深圳大学荔园

前　言

在 2010 年召开的《生物多样性公约》缔约国会议（Conference of Parties to the Convention on Biological Diversity）上，各国一致同意在世界范围内扩大保护区的范围，从而加强对在生物多样性和生态服务系统方面具有特殊重要性的区域的保护。根据爱知目标 11（Aichi Target 11），截止到 2020 年，超过 10％的沿海及海洋地区应通过合理有效的管理措施加以保护，尤其是对生物多样性和生态系统至关重要的地区，需要采取基于区域的、与更广阔海洋景观相结合的保护措施。

为了当代人和后代人的利益，1972 年的《保护世界文化和自然遗产公约》（全书简称《世界遗产公约》）联合各国做出承诺，旨在保护世界范围内具有重要价值的遗产。《世界遗产公约》提出，在充分尊重国家主权的同时，保护这些遗产是整个国际社会的共同责任。在此后的 40 年间，《世界遗产公约》认定了超过 1000 处具有突出普遍价值（Outstanding Universal Value，OUV）的文化和自然遗产。这些遗产的消失可能会成为整个人类社会无法挽回的损失。

目前，联合国教科文组织公布的《世界遗产名录》包括分布在 36 个国家的 47 处海洋区域。这些海洋遗产具有生物多样性——独特的生态系统、地质作用和景观，其中包括一些全球最具标志性的海洋区域，如澳大利亚的大堡礁（Great Barrier Reef）、厄瓜多尔的加拉帕戈斯群岛（Galápagos Islands）和毛里塔尼亚的阿尔金岩石礁国家公园（Banc d'Arguin National Park）。这 47 处海洋遗产覆盖了 20％左右的现存海洋保护区（MPAs）。自 1978 年联合国教科文组织《世界遗产名录》首次列入海洋遗产以来，世界海洋遗址涌现出了诸多成功的保护案例：

• 在墨西哥埃尔维兹采诺（El Vizcaino）的鲸鱼保护区，当地的利益相关者通过有效使用《世界遗产公约》，成功阻止了商业制盐厂破坏太平洋最后一个灰鲸原生态繁殖潟湖。

• 在南非，圣卢西亚湿地公园（iSimangaliso Wetland Park）成为世界遗产后，由整个国家最贫困的区域变成了繁荣的野生动物湿地管理区，同时也为当地创造了就业岗位。

· 过去，塞舌尔阿尔达布拉环礁（Aldabra Atoll）上的绿海龟几近灭绝，但如今当地已成为世界上绿海龟数量最多的区域。

这些案例反映了《世界遗产公约》对不同利益相关者给予的战略性支持，其中包括推动政府采取合理行为、促进遗产管理者有效开展工作，并将遗产保护所得的利益合理地分配给专家、提倡者和捐赠者。在每一个保护案例中，《世界遗产公约》都起到了至关重要的作用，具体表现为：当外部压力影响某一地区遗产价值的保护时，这一问题能够迅速引起国际社会的关注。

尽管这些重要的海洋保护区应遵从最佳管理实践并得到有效保护，但现实情况往往更加复杂。很多海洋保护区在管理上取得了巨大成功，并形成了多用途管理的优秀案例，但仍有一些海洋保护区需要提高管理效率。此外，一些海洋保护区难以抵挡海洋工业化加快、沿海发展压力增大和气候变化所带来的严重影响，而这些影响的相互作用可能引起海洋保护区生态的根本性变化。海洋遗产管理者往往聚焦于日常管理，无法考虑到当下的决策在未来十年或二十年中可能产生的影响。遗产管理者和合作者经常面临着发展带来的新问题，但是缺乏足够的时间和工具（例如指导手册）来帮助他们长远地考虑问题。因此，遗产管理者需要思考如何衡量过度发展的问题，这是遗产地未来发展的关键。

这本手册旨在帮助遗产管理者解决当下的管理问题，同时保护这些具有突出普遍价值的遗产在未来保持长久的活力和生命力。本手册汇集了许多成功的世界遗产海洋遗址管理案例和保护实践，能够为遗产管理者提供具有详细步骤的指导意见。对于独立的海洋遗产而言，改善管理水平不仅能够保证遗产突出普遍价值的延续，还能够帮助遗产管理者和合作伙伴吸引投资、提高游客体验质量。同时，在涉及区域和全球海洋问题时，提升海洋遗产的管理水平也能使遗产管理者、合作者，乃至遗产所属国获得强有力的话语权。我们希望通过分享成功的管理案例和清晰的管理过程，帮助海洋遗产管理者提升管理的有效性。总之，我们希望这本手册能够提供有用的信息并引发人们的思考，在世界范围内传播海洋保护区的优秀管理实践。世界遗产海洋遗址具有独特的地位，其成功管理案例中的指导有利于促进国际社会加强海洋保护区的管理，最终在2020年实现《生物多样性公约》的爱知目标11。

　　通过协同合作、记录和传播优秀管理实践、分享海洋遗产管理经验等措施，海洋遗产管理的进程将会加快，从而使世界海洋重点区域的管理变得更持久、更有效和更加可持续。

基肖尔·拉奥（Kishore Rao）

联合国教科文组织世界遗产中心主任

目　录

第二部分 附录与参考文献

关于本手册

本手册的作用是什么？

本手册介绍了应如何实行有效且积极主动的管理，以确保世界遗产海洋遗址的长远保护和可持续发展。它也为世界遗产海洋遗址和其他海洋保护区的管理者建立有效管理和积极决策的共同标准打下了基础。

本手册中介绍的方法的核心是两个关键的工具。第一个核心工具是将《世界遗产名录》所阐释的遗址的突出普遍价值作为遗址管理系统的指导核心。

世界遗产海洋遗址评审报告显示，对海洋遗产突出普遍价值的描述很少被用于其管理实践。管理者很少甚至几乎没有对遗产的突出普遍价值进行过阐释，也没有充分认识到它作为一个实质性工具对海洋遗址可持续发展产生的影响。因此，本手册弥补了海洋遗产管理体系在执行上的缺陷，详细展示了突出普遍价值如何帮助管理者和合作者开展工作，以及如何向联合国教科文组织世界遗产委员会（全书简称世界遗产组织）提供关于遗产保护现状的报告。

突出普遍价值这一概念可以帮助遗产管理者及其合作者同时考虑现状和未来趋势，从而明确保护的优先级。对于世界海洋遗产之外的海洋保护区，遗址管理者可以使用遗址保护目标的声明来替代其突出普遍价值的描述。

本手册在管理方法概述方面的第二个核心工具是应用基于区域的工具来实现环境、社会和经济目标，例如海洋空间规划等，进而确保可持续发展切实可行，并保护遗址的独特价值。

未来规划是海洋空间规划的重要环节。由于海洋空间需求的急速增长、海洋旅游的日益增长和全球气候变化的影响，以未来为导向的积极管理成了海洋遗址保护的必然要求。然而，多数海洋空间规划仅聚焦当下，缺乏长远的考虑。因此，本手册能够帮助遗址管理者运用基于区域的工具来理解海洋遗产的现状，并为遗址未来一二十年的发展做出清晰、明确的展望。

案例 1　本手册提供了什么？

（1）一个路标：在当下和未来做出积极的管理决策——区别于由当下出现的问题驱动的应对式管理。

（2）一个蓝图：将突出普遍价值作为管理的引导——在协定的共同目标下，联合利益相关者、规划者、科学家和保护人员等。

（3）一组实践：汇集世界各地海洋遗产管理案例——用详细的案例展示如何进行管理。

（4）一份文件：随着时间推移不断进化的动态记录——与世界遗产海洋遗址管理者、世界自然保护联盟和其他机构通力合作。

谁应该使用本手册？

本手册基于大多数遗产管理者所面临的时间、金钱、人力资源和信息等要素紧缺的现状，充分考虑到当下海洋遗产因管理范围大、管理内容丰富所面临的巨大挑战，适用于负责规划和管理世界遗产海洋遗址的专业人员。

本手册不仅适用于遗产管理者，而且也适用于其他在这些遗产地工作的保护团体，因此，每一个世界遗产地的工作人员都可以使用其突出普遍价值的声明。另外，在世界遗产中心（World Heritage Centre）的协助下，世界自然保护联盟（International Union for the Conservation of Nature）每年会为《世界遗产名录》上提及的遗产地编写保护状况报告（State of Conservation），并发表在每年一度的世界遗产委员会会议上。该保护状况报告属于公共文件，因此，凡是感兴趣的团体都可以使用此报告。报告中列出的官方建议是世界遗产委员会做出决策的基础，掌握遗址保护现状和产生影响等一手资料的专家和科学家也会为决策提供补充信息。这些决定能够反映国际社会对于如何保护遗址的突出普遍价值所持有的观点。所有报告都可以通过世界遗产中心的网站或手机和平板电脑上的应用软件获取，如图 0-1 所示。

图 0-1　通过智能手机和平板电脑的应用软件，可以看到世界遗产委员会对 47 个世界遗产海洋遗址做出的保护状况报告（摄影师：张柔然）

注意：任何参与世界遗产海洋遗址管理的人都可以在需要时把本手册作为资源和工具。在全球范围内有大量机构和组织参与了世界遗产的保护，其中，最成功的遗址管理案例通常会与民间团体、中央和地方政府、研究所和非政府组织等能够提供额外资源的机构建立积极的合作关系。

本手册概括了改善世界遗产海洋遗址管理的通用步骤，为海洋保护区管理提供了更深入、更专业的指导。因此，许多保护团体中的规划者和管理者也可以从中受益。

鉴于遗产管理者拥有的不同的文化背景，本手册尽量使用通俗的语言编写，在避免过多地使用专业术语的同时，确保使用了创新的、科学的海洋保护概念，例如基于生态系统的管理、海洋空间规划和适应性管理等。本手册也包括了高成本和低成本情境下的不同选择，因此，即使在资源较为稀缺的遗产地，也能够应用本手册中的基本框架。

为什么需要本手册？

负责规划和管理世界遗产海洋遗址及其资源的专业人员通常具有生态学、生物学、海洋学或工程学等领域的学科和技术背景，但几乎没有进行过专业的规划和管理培训。本手册能够有效填补这一空白。

本手册和许多其他类型的海洋保护区管理手册不同，它的基础是联合国教科文组织政府间海洋学委员会（Intergovernmental Oceanographic Commission）

提出的海洋空间规划倡议（Marine Spatial Planning Initiative）①，包含了通过多种渠道利用遗址的未来图景，并要求在遗址范围内和范围外同时进行积极主动的管理。作为如今海洋保护的重要推动力量，欧盟和《生物多样性公约》缔约国均认为基于实践和实际经验的指导具有重要意义。这样的手册应当将海洋保护区管理融入更加广阔的海洋景观环境中，充分联系陆地和淡水环境的管理实践，这也是实现世界生物多样性目标的先决条件。

为了解决这些问题，本手册展示了海洋遗产有效管理的详细步骤，通过世界遗产海洋遗址的成功案例阐释了相关概念，并结合最新的科学管理思想，指导读者从更多渠道获取信息。此外，它也提出了遗产管理者保护世界遗产突出普遍价值所应该具备的多样化技能和专业知识。

本手册还能够帮助缔约国进行自我评估，判断他们的管理体系是否和其他世界遗产海洋遗址所建立的管理体系相符合，以及什么才是公认的最佳做法。准备提交世界遗产申请的国家也可以使用本手册来评估其推荐的遗产地的管理体系。

本手册是如何发展的？

2010 年 12 月，在美国夏威夷举办的第一届世界遗产海洋遗址管理者大会（the first global World Heritage marine site managers' conference）首次提出要编写本手册。会议指出，并非所有世界遗产海洋遗址的管理者都对有效的管理体系具有相似的理解，因此，编写一本最优管理措施的综合性手册是十分必要的。

在接下来的四年中，世界遗产海洋项目（World Heritage Marine Programme）顺利启动，满足了遗址管理者对其他遗址地的信息分享和接收的需求。随后的 2013 年 10 月，在法国斯坎多拉召开了第二届遗址管理者会议。如今，所有世界遗产海洋遗址的管理者及其团体都可以通过一个交互式门户网站接触到所有管理计划和各个遗址的主要出版物，其活跃的聊天环境也方便了使用者之间的交流和互动。该网站还推出了一份双月刊电子简报，用于分享遗产故事、时事新闻和相关基金的资助信息。

人们了解到了更多的最佳实践管理案例和信息，例如人们在到访世界遗产地后发布的信息、在过去五年间对超过 15 个遗产地进行实地考察的成果、基于遗址管理的培训和能力建设计划，以及遗址管理者、非政府组织、科学家和其他利益相关者的沟通交流。

---

① 联合国教科文组织政府间海洋学委员会：http://www.unesco-ioc-marinesp.be/marine_spatial_planning_msp。

在德国菲尔姆岛举行的两次集中工作会议确定了本手册的大致方案和提纲。第一次工作会议召集了那些被视为优秀有效管理实例的遗产地的少数管理者；第二次工作会议则集中了更多的遗址管理者，其中多数是西班牙语遗址管理者代表。与会人员讨论了最初的草拟提纲，并且以西班牙语遗址管理者为中心，确保了手册的表达、指向和概念都能够实现跨语言的翻译（与会人员名单请见附录2）。

之后，根据网络咨询的反馈进一步修改了本手册的草稿。47名世界遗产海洋遗址的管理者和部分在国际上受到认可的海洋管理和遗产保护专家分享了该文件的草稿，并提出了宝贵的反馈意见，经过整合后最终出版了这本手册。

本手册是如何构成的？

本手册分为两部分：

第一部分展示了海洋遗产管理的详细方案，对有效管理体系的各个组成部分进行了整合，清楚地展示了遗产的突出普遍价值在管理原则、管理目标和宗旨中所发挥的基础性作用。

本手册阐明了海洋遗产优秀管理案例的实施步骤和任务。本手册在重要的部分为读者提供了注释，并给出了获取更多相关信息的渠道，还在必要时设置了专业性较强的补充信息，例如为遗址管理者介绍世界遗产的机遇、义务、工具和流程等详细信息，这些信息被单独列出。这是为了确保手册的正文能够在最大限度上帮助世界遗产海洋遗址外的海洋保护区管理者。

第二部分是附录和参考文献，包括47个世界遗产海洋遗址及对其突出普遍价值的描述，以及世界遗产委员会的决议概览。

如何使用本手册？

使用手册不存在万能的最优方案，但为了实现有效的管理，所有遗址的管理者都需要采纳手册中列出的一些重要步骤。本手册根据遗产管理的总体步骤框架和公认的沿海及海洋管理要素分章节进行编写，注重把突出普遍价值作为遗址管理的核心，并应用基于区域的保护措施，从而提升方法的可行性。

应用本手册有如下两种方法：

1. 读者可以从步骤一（认识海洋遗产管理现状）开始，根据每个章节所展示的方法，按顺序阅读至步骤四（实现海洋遗产管理目标）。这有利于读者理解整个有效管理体系的步骤和逻辑，认识到这种管理体系不仅是积极主动的，而且考虑到了遗址周围更广阔的海洋景观，以及对世界上不断变化的社会和经济状况的适应。

2. 读者也可以浏览目录，快速找到最需要的部分。通过这种方法，读者能够最快地了解到与特定问题、特定计划或管理周期的特定位置相关的要素和内容。

第一部分　海洋遗产有效管理的最佳实践指导

引　言

为实现遗产的有效管理，必须适应现状，了解遗址的发展趋势和前景并采取行动，从而实现目标。这意味着管理者要熟悉世界遗产的独特价值，熟悉遗产地开展的活动，了解能够应对地方、区域和全球威胁的管理策略。考虑到资金和人力资源紧缺的现状，管理者应在最需要的地方采取措施。

每个世界遗产海洋遗址都具有不同的需求和多样的功能，并且都处于管理实施过程的不同阶段。尽管遗产管理不存在万能的模式，但这一过程在本质上可以归纳为四个基本问题的解决[①]，如图 0-2 所示。

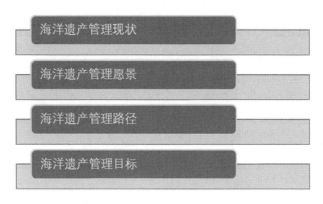

图 0-2　海洋遗产管理的四个基本问题

这些问题的答案可能存在于某个不起眼的角落，也可能经过了大量利益相关者的长期谋划。这两种渠道存在于世界各地，并且都能够在不同程度上获得成功。

第一，充分认识世界遗产的特征，这些特征决定了世界遗产的突出地位。世界遗产海洋遗址的管理者及其团队只有清楚地认识到遗产的突出普遍价值，

---

① 这四个问题是对发表在海洋保护区文献上的多个公认的海洋保护区管理周期的简化，包括《强化遗产的工具包》(Hockings M et al., 2008)、《评估世界自然遗产地的管理有效性》和《世界遗产 23 号文件》。

以及影响这些价值所采取的行动，该遗产地才能够得到恰当的保护。管理者应使用这些信息，并把它们作为评价行动措施的支柱。

第二，明确遗产地在未来一二十年内的发展愿景。如今，几乎所有世界遗产海洋遗址都面临着平衡经济发展和遗产保护间关系的重要问题，这要求管理者对不同的使用情景及其对世界遗产地位的决定特征可能产生的不同影响具有清晰的了解。

第三，充分了解达到遗产管理期望所需要采取的管理措施。由于所有人类活动都发生在特定的时间和空间内，时空管理规划变得越来越重要，科技的发展也使这一管理规划方法成为可能。管理者还应当采取一定的激励措施，促使资源使用者和相关人员改变其行为，进而推动遗产突出普遍价值的保护和可持续发展。

第四，只有拥抱变化、不断学习和适应才能让遗产管理具有可持续性。变化是必然的，社会经济、政治和环境的变化会以多种方式呈现。世界遗产海洋遗址的管理无法一次性涵盖所有任务，而是需要重复开展和适应、不断监测和评估，从而确保管理行为能够取得令人满意的结果。

注意：考虑到遗产管理的基本问题，本手册提供了分步实施的方案指导，虽然遗产管理没有万能的模式，但有效的管理仍然可以归结为图2中四个基本问题的解决。

这些问题的解决有助于构建一个积极主动、面向未来的管理体系。遗产的突出普遍价值能够指引管理者解决这些问题，并确定衡量成功管理的基准。

本手册中的章节将根据海洋保护区管理的最新科学知识和工具，通过引入世界遗产海洋遗址中的优秀管理案例，详细介绍四个基本问题的解决过程。本手册在必要时也额外列出了扩展阅读资料。手册最后的图示展示了一个完整的管理体系循环所应包括的管理步骤和任务，方便读者进行参考。

步骤一 认识海洋遗产管理现状

摘 要

这个步骤应包括哪些内容？

1. 突出普遍价值所表达的对管理具有指导作用的目标和宗旨；
2. 对规划边界和管理界限的理解；
3. 遗产突出普遍价值的关键特征及其现状的时空分布；
4. 可能影响遗产突出普遍价值的人类活动的时空分布；
5. 在管理行为存在冲突时，决定其先后顺序的矛盾与机遇评估。

➤ 认识管理内容

尽管世界遗产海洋遗址享有盛誉，海洋保护工作仍面临着大量挑战，如管理预算和人力资源的匮乏等，这些问题在全世界大多数的海洋保护区都具有典型性。

资源的短缺要求管理者重点关注管理的优先顺序，在最需要的地方采取措施。因此，管理者必须清楚地认识管理的内容，包括未来需要遏制、扭转的现状和需要实施保护的环节。如果管理者对世界遗产海洋遗址的特征和对其产生影响的活动缺乏基本的了解，任何世界遗产海洋遗址都无法得到有效的管理。这项任务可能是艰巨且昂贵的，需要大量时间和资源予以支持。

以下任务能够帮助管理者调整其方案：

任务 1. 以突出普遍价值为指导；

任务 2. 制定管理计划与实施过程；

任务 3. 认识遗产关键生态特征的时空分布及其现状；

任务 4. 认识人类活动的时空分布及其对遗产的影响；

任务 5. 冲突评估与管理方案选择。

从这些步骤中，管理者能够明确其遗产管理所处的阶段，并在合理的时间获得必要的指导。

任务 1　以突出普遍价值为指导

所有世界遗产海洋遗址的管理都具有一个共同的目标，即保护该遗址被列入《世界遗产名录》的突出普遍价值（Outstanding Universal Value，OUV）。突出普遍价值是任何世界遗产的核心，也是监测和评估世界遗产保护状况的重要参考标准。

突出普遍价值由世界遗产委员会记录在册，用于制定联合国教科文组织的《濒危世界遗产名录》。当遗产的突出普遍价值发生恶化，或其独特价值面临不可挽回的损失时，遗产将从名录中被删除。当某一遗址被列入《世界遗产名录》后，其缔约国政府在任何情况下都必须承担起保护遗址特殊价值的责任。因此，突出普遍价值是管理规划和管理行动的逻辑手册。

当今，许多遗产管理者都不使用突出普遍价值来指导管理决策。但是，遗产的突出普遍价值是各国通过科学调查与分析、广泛征求利益相关者意见确定的，构成某一遗产独特性的确切特征。这一明确的定义有利于使世界遗产海洋遗址具有比其他大多数海洋保护区更加清晰可测量的目标，而不使用突出普遍价值进行遗产管理则会失去这一重要的机会。

以遗产的突出普遍价值作为指导管理行为的基础，有利于：

① 详细了解被保护对象的关键特征，并从中获取可测量的目标；

② 在最需要的地方集中开展研究和管理行动；

③ 与当地非政府组织、慈善机构等其他组织制定明确的协议，并尽可能开展合作，最大限度地提升效率和影响力，以确保对遗产地的保护；

④ 对遗址的空间情景做出清晰的描述和定义，说明该遗产地未来的发展情况；

⑤ 讲好遗产故事，通过对世界遗产品牌的灵活运用，吸引对遗产可持续发展具有重要作用的合作伙伴和资源。

注意：所有世界遗产管理的总体目标都是对组成其突出普遍价值的特征进行保护。激励、空间规划与区域划分、监测、执行与遵守和冲突的解决等都需要具备明确的目标，才能够实现最优管理。管理者可以从遗产的突出普遍价值中梳理出核心元素，确定可测量的目标，从而指导其管理行为。

通常，遗产的突出普遍价值包括其被列为世界遗产的关键性特征，识别这些关键性特征是实现管理目标的基础。

以下步骤能够帮助管理者明确遗产的突出普遍价值[①]：

① 找到世界遗产委员会在《世界遗产名录》题词和遗产的回顾性声明中对于该遗产的陈述[②]。

② 在突出普遍价值的陈述中提取出特定的关键元素（见案例2）。

③ 将已确定的突出普遍价值的元素重新定义，使其成为具体的管理目的和目标（目的和目标的相互关系见图1-1）。

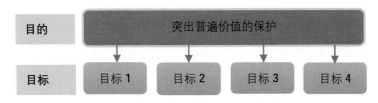

图1-1[③] 目标和目的的相关性及其与突出普遍价值的联系

④ 浏览管理目标列表，快速评估目标间的互补和依存关系，找到其中不兼容的目标。评估目标是否具有兼容性是形成有效、稳健的管理系统的重要准备步骤。

部分题词对突出普遍价值进行了明确、详细的描述，为管理者实现和维护遗产突出普遍价值提供了充足的指导。然而，一些陈旧的属性描述可能较为模糊，对管理目标的制定造成了一定困难。目前，人们正在积极制定遗产的回顾性声明，从而确保旧有属性描述的顺利使用。

案例2说明了塞舌尔阿尔达布拉环礁（Aldabra Atoll）对突出普遍价值的回顾性声明是如何指导遗址管理实践的。

案例2 以突出普遍价值指导塞舌尔阿尔达布拉环礁的管理

1982年，塞舌尔阿尔达布拉环礁被联合国教科文组织列入《世界遗产名录》，其独特的海洋特征获得了广泛认可，且多数没有受到人类活动的影响。环礁包括四个大的珊瑚岛，周围有独特的珊瑚礁系统。该遗产地还拥有最大的巨型龟种群，是400多种特有生物的聚居地，也是世界上仅有的两种海洋火烈鸟

---

① 该部分内容基于澳大利亚詹姆斯库克大学的乔恩·戴在法国斯坎多拉召开的第二届世界遗产海洋遗址会议上提出的观点，http://whc.unesco.org/en/future-marine-world-heritage-2013。

② 对突出普遍价值的描述和回顾性声明可在世界遗产中心网页获得，http://whc.unesco.org/document/135560。

③ 图片来源：联合国教科文组织世界遗产海洋项目，2014。

种群的所在地。

对突出普遍价值的保护已经成了该遗址管理的核心。目前，管理者正在拟定一个新的管理计划，并将遗产的突出普遍价值及其保护过程中可能受到的威胁作为管理计划的重点。世界遗产委员会于 2010 年正式通过的突出普遍价值回顾性声明为这项工作奠定了基础。

① 阿尔达布拉环礁突出普遍价值的回顾性描述

标准（x）：阿尔达布拉是开展科学研究的绝佳自然实验室。该环礁为 400 多个地方性物种和亚种（包括脊椎动物、无脊椎动物和植物）提供了庇护所，其中包括超过 100000 只阿尔达布拉巨型龟（Aldabra Giant Tortoise），如图 1-2 所示。这些巨型龟过去也曾出现在印度洋的其他岛屿上，但阿尔达布拉环礁是它们如今唯一的栖息地。在这里，巨型龟的数量是全世界最多的，同时，由于这些生物与自然环境的关系明确、有序，这一数量完全依靠其自身进行维持。阿尔达布拉环礁还有着在全球具有重要地位的濒危绿海龟种群和濒危的玳瑁海龟。作为鸟类的重要自然栖息地，这里还有阿达薮莺（Aldabra Brush Warbler）和阿尔达布拉尾卷燕（Aldabra Drongo）两个特有物种。

② 从突出普遍价值的陈述中提取关键元素：

· 400 多个地方性物种的庇护所；

· 超过 100000 只阿尔达布拉巨型龟的栖息地；

· 全球重要的濒危绿海龟种群所在地。

从遗产回顾性声明中直接摘取出的突出普遍价值，可以被转换为遗产的管理目标。

图 1-2①　阿尔达布拉巨型龟

（© UNESCO　摄影师：Ron Van Oers）

---

① 图片来源：联合国教科文组织世界遗产中心官方网站。

在海洋保护区的相关文献中，有效目标的特点可以被归纳为 SMART（参见表 1-1），运用这些特点可以将突出普遍价值的要素分解为具体的目的和目标。

表 1-1① SMART 目标

明确性	目标是否具体、细致、聚焦，并且能够被识别	目标能否得出结果
可测性	目标能否测量管理者的需要	目标能否以数量进行描述
可行性	能否以合理的工作量和资源实现目标	管理者能否实现目标 是否具有或能得到实现目标的资源
相关性	该目标能否达到理想的目的	是否具有充足的知识、权威和能力
时限性	何时能实现这一目标	何时开始和结束

阿尔达布拉环礁的突出普遍价值中最重要的特征之一是"濒危绿海龟（Chelonia mydas）的全球重要繁育种群"。世界自然保护联盟已将绿海龟确定为全球濒危物种。从 2008 年开始，每年筑巢的雌性绿海龟数量在 3000～5000 只左右。因此，保护阿尔达布拉环礁周围的 50 个筑巢海滩，有利于吸引雌性龟返回阿尔达布拉筑巢，对保护绿海龟的生存环境具有至关重要的作用。

尽管 1980 年当地还未被列入《世界遗产名录》，该遗产地就已经开始收集部分基础数据。以每年生产的卵子总数计算，该环礁上的繁殖数量增长了 500%～800%，这有赖于过去 40 年间人们对筑巢海滩的严格保护。为继续保护该世界遗产地的绿海龟种群，可以运用 SMART 模式描述阿尔达布拉环礁的管理目标："到 2050 年，人们将严格保护约 50 个阿尔达布拉环礁的绿海龟筑巢海滩，使其繁殖数量在 1980 年的数据基础上持续增加。"

注意：将突出普遍价值作为管理计划的核心，有助于减少管理者制定世界遗产报告的工作量。

突出普遍价值声明是监测和评估遗址保护状况的重要参考内容。世界遗产委员会将它作为衡量遗产价值的标准，用于评估遗址保存状态、确定《濒危世界遗产名录》，或将某一遗产从《世界遗产名录》中移除。将突出普遍价值作为管理准备的核心，有助于管理者制定世界遗产报告。②

---

① 资料来源：联合国教科文组织世界遗产海洋项目，2014。

② 更多关于突出普遍价值、世界遗产管理和世界遗产委员会报告的信息可访问 http://whc.unesco.org/en/managing-natural-world-heritage/。

任务 2　制定管理计划与实施过程

在任务 1 中，管理者对遗产的突出普遍价值进行了具体分解，并对其关键特征和管理目标有了更清晰的看法，下一步的任务是制定管理的实施计划。

制定管理计划与实施过程有以下关键步骤：

- 确定规划边界；
- 确定时间范围；
- 制定工作计划和实施计划的时间表；
- 组建具备基本技能的团队；
- 确保启动计划的资金支持。

（1）确定规划边界

世界遗产海洋遗址的边界通常在其被列入《世界遗产名录》时就确定了。然而，出于管理的目的，需要进一步区分两种不同边界：管理边界和规划边界。

对于大多数世界遗产海洋遗址而言，《世界遗产名录》明确地规定了遗产的管理边界，即具有指定主管部门且拥有管辖权的管理系统的行政边界。

然而，规划边界并不总是也不需要与管理边界相一致。规划边界应涵盖有助于保护遗产突出普遍价值的所有区域，以及这些区域的生态特征，其原因有以下两个方面。

① 生态系统的功能和演化过程。由于海洋的动态性，世界遗产海洋遗址的管理边界往往与单一的海洋生态系统界限不同。通常，一个世界遗产区内可能包含着许多不同规模的生态系统，这些生态系统也可能延伸到特定的世界遗产区之外。因此，管理边界无法反映出位于指定区域之外的自然环境变化所带来的影响，例如幼虫活动、泥沙输送和大气养分的沉淀等。一些生物可能会在不同遗产地之间迁徙，某种生物在成长过程中也可能前往位于其他遗址的产卵地。

如果对与遗址密切相关的生态系统保护不当，导致其生态特征持续恶化，遗产的突出普遍价值就无法得到保护。在这种情况下，管理者应设置比管理边界更广阔的规划边界。该方法也称为管理的生态系统方法。

② 人类活动。世界遗产区以外的人类活动也影响着该遗址的突出特征。例如，人类在陆地上开展的活动往往会对地表水质产生影响，其造成的海岸径流可能会破坏世界遗产区内的珊瑚礁系统。

通常情况下，管理工作往往局限于世界遗产的管理边界内，然而，有效保护突出普遍价值需要采取一种全面的、以生态系统为基础的方法。因此，管理者应该确定比管理边界更广泛的规划边界。这种方法能够使管理者认识到影响世界遗产突出特征的原因，并与造成这些影响的政府和相关机构建立合作协议。

案例3 应用生态系统方法确定规划边界

① 阿尔金岩石礁国家公园（Banc d'Arguin）和瓦登海（Wadden Sea）。

阿尔金岩石礁国家公园（Banc d'Arguin National Park）位于非洲西部毛里塔尼亚（Mauritania）海岸，瓦登海位于荷兰、德国、丹麦的北海（North Sea）海岸，二者同属东大西洋候鸟迁移的关键地点。瓦登海是候鸟活动、蜕皮和越冬的重要区域，每年平均有1000万至1200万只候鸟通过该区域，而南部的阿尔金岩石礁国家公园则成为候鸟休憩、觅食和繁殖的场所。

由于这两个地区的生态系统是紧密联系的，有效保护二者的突出普遍价值成了一项相互依存的任务。虽然两个地区的管理权限仅限于其管理边界内，但其规划必须考虑地区之间的连通性。为了在战略层面解决这一问题，早在2014年初，两地便签署了一份正式的合作协议，共享科学信息，交流管理能力，优化保护工作所取得的成果，并在必要时开展联合行动。

② 墨西哥埃尔维兹采诺（El Vizcaino）的鲸鱼保护区（Whale Sanctuary）。

埃尔维兹采诺鲸鱼保护区是东太平洋灰鲸种群唯一的繁育和生产区，于1993年被列入《世界遗产名录》。鲸鱼从该世界遗产地的潟湖开始，向北迁徙并生活。因此，管理者在制定埃尔维兹采诺突出普遍价值的保护计划时，应该与鲸鱼生命后期的迁徙地和居住区相联系。

（2）确定时间范围

除了建立规划边界外，管理者需要对遗产地的管理制定明确的时限。该时间范围应包括以下两个要素：

① 能够作为遗产地现状参照的基准年份或基准时期；

② 能够反映遗产地未来发展情况的目标年份或目标时期。

当某一遗产地被列入《世界遗产名录》后，需要一定的资金来保护构成突出普遍价值的特征。因此，对于世界遗产地来说，基准年应与列入《世界遗产名录》的登记日期一致。本手册的步骤二进一步阐述了目标年份的确定方法。

（3）制定工作计划和实施计划的时间表

与世界上多数保护区的情况一样，保护世界遗产海洋遗址的人力、资金和时间资源通常是十分有限的，这不仅要求管理者制定高效的规划，还需要迅速执行该计划。值得注意的是，管理者只有在尝试采取管理措施之后，才会知道其能否达到预期效果。

管理周期的所有阶段都十分重要，这意味着为了保护突出普遍价值，管理者需要注意周期中的每个环节，并确保有限的预算和人力资源在各个阶段和任务中得到了合理分配。实现这一目标的方法之一是通过制定工作计划，具体规定出管理流程的哪些部分应该由谁来完成、在什么时间完成、以怎样的成本完成，以及各个部分之间的关系是怎样的。

制定工作计划时，管理者需要明确各个管理步骤的时间分配情况。通常情况下，人们会在科学分析遗产现状时消耗较多时间，较少或根本不分配时间用于确定遗址的未来发展情况。然而，管理者了解遗产的发展愿景和认识遗产的发展现状一样重要。图 1-3 以可视化的方式展示了世界遗产管理周期中分配到每个步骤的估算时间，且其管理周期与本手册的章节相对应。此外，具体的时间分配还取决于特定的管理情境。

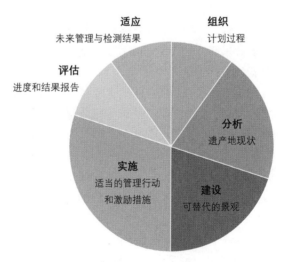

图 1-3①　规划过程中不同步骤的时间分配说明图

注意：与其他许多保护区不同的是，世界遗产海洋遗址通常已经投入了较

---

① 图片来源：联合国教科文组织世界遗产海洋项目，2015。

多时间来确定构成其突出普遍价值的基本特征，并以此为基础进一步制定遗产地被列入《世界遗产名录》时的题词内容。这能够帮助管理者确定管理目标和优先任务。此外，这一过程往往揭示了对遗产地进行决策、监测和评估所必需的基础性研究需求。在近期的《世界遗产名录》题词中，世界遗产委员会重申了最为紧迫的管理需要，从而帮助遗址管理人员在最需要的地方优先采取行动。

（4）组建具备基本技能的团队

接下来，管理者需要组建一支技术熟练的队伍，其中的人员不仅应具备科学、数据、技术和社会等方面的技能，还应具备有效沟通的能力。这是因为战略沟通能够提升遗产地的知名度，并吸引必要的合作伙伴来应对当前所面临的挑战。管理者想要与捐助者和其他利益相关者建立成功的合作伙伴关系，就必须能够清楚地讲述遗产地故事，明确合作伙伴对遗产地做出贡献的渠道，以及从中受益的方式。表 1-2 总结了人们管理遗产地所需的技能。

表 1-2① 团队规划和管理世界遗产海洋遗址时所需的基本技能

管理步骤	所需技能类型
认识管理现状	生物生态分析 社会经济分析 地理信息系统（GIS）或其他空间分析 专业利益相关者的技能提升 海洋空间规划
明确管理愿景	时空战略分析 权衡分析
制定管理路径	社会经济分析 监管分析 战略沟通与教育 累积影响分析 谈判与解决冲突 利益相关者合作与沟通
制定管理目标	因果分析 有效的结果沟通

遗产管理团队不需要掌握表格中所列出的全部技能，而是可以通过与政府

———————————

① 资料来源：联合国教科文组织世界遗产海洋项目，2014。

机构和部门、科学界、非政府组织、私营部门、自由职业顾问及专家等建立建设性伙伴关系，从而获取部分技能。

世界遗产知识库的优势在于其内容丰富、更新活跃和可以共享。案例4描述了世界遗产海洋遗址管理人员所需要使用的工具。

案例4　47个世界遗产海洋遗址知识库

如今，分属于36个国家的47个海洋遗址已经被列入了联合国教科文组织的《世界遗产名录》。尽管它们具有不同的社会经济背景和生态系统特征，但它们在保护和管理方面面临着相似的挑战，如气候变化、沿海开发、渔业发展和海洋污染等。在过去的30年间，许多遗产地已经提出了针对部分威胁的解决方案，其经验可以在其他遗产地共享。

世界遗产中心海洋项目的核心目标之一是将这些优秀的管理案例集合起来，为遗产地管理人员提供一个相互交流、解决问题和帮助彼此获取最新知识和方法的平台。本手册并非独立的文件，它还与遗产地管理网站、双月刊通讯简报和网络时事新闻等密切相关[①]，如图1-4所示。

（5）确保充足的资金支持

在计划、实施、监测、评价和适应等活动中，海洋保护区管理人员面临的常见问题之一是经费紧缺。尽管世界遗产海洋遗址的地位很高，能够吸引研究人员和产生旅游收入等，但这些收入很难转化为可持续的发展资金，无法支持遗产地的长期管理。

尽管保护世界遗产海洋遗址是政府的责任，但遗产地也需要依赖其他融资方式，例如来自国际机构、跨国机构与慈善基金会的补助和捐赠，从非政府组织或私营部门获取的合作资金，以及向用户收取的费用等。管理者需要对这些融资方式的利弊进行评估，同时吸引资金并进行有效的管理。

与其他海洋保护区相比，世界遗产地在国家或地区的公共管理网络中通常具有更高、更显著的地位，因此能够掌握资金分配的优先权，并获得更多来自私人或慈善基金会的资金支持。为了在吸引资金的同时建立成功的伙伴关系，遗产管理者需要讲好遗产地故事，充分利用世界遗产品牌。本手册步骤三将提供更多关于遗产品牌的信息。

---

① 获取更多信息可登陆网址 http://whc.unesco.org/en/marine-programme/，或通过 WH-Marine@unesco.org 联系世界遗产海洋项目。

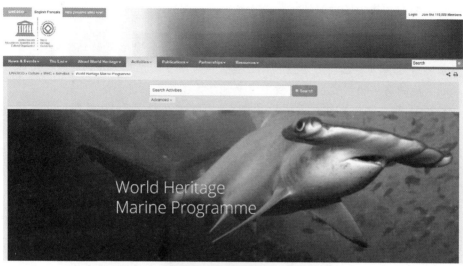

图1-4　世界遗产海洋项目管理者网站和双月刊通讯简报

案例5介绍了哥伦比亚马尔佩洛岛动植物保护区（Malpelo Fauna and Flora Sanctuary）通过政府倡议和慈善捐赠建立起的可持续融资机制。

案例 5　马尔佩洛岛动植物保护区捐助基金：可持续资金总额超过年度预算的 1/3

位于哥伦比亚沿海的马尔佩洛岛动植物保护区在 2006 年被列入《世界遗产名录》。它为鲨鱼、巨型石斑鱼和比目鱼提供了重要的活动区域，同时也为多个濒临灭绝的海洋物种提供了宝贵的栖息地，如图 1-5 所示。

2006 年，遗产地创立了特别捐助基金。该基金起源于 1992 年的全球环境首脑会议（里约会议），会议通过签订美国-哥伦比亚协议（United States of America-Colombia agreement），设立了自然债务交换计划，并逐步积累净收入。最初的 250 万美元启动资金由捐助基金负责分配和划拨。2009 年，遗产地成功筹集到第一笔资金，并将其用于马尔佩洛岛的管理。

每年，该遗产地的管理预算中平均有 36% 来自捐助基金。这些收入覆盖了遗产核心区管理的大部分费用，且包括了协助管理和科学考察的技术人员费用。该基金的设立是为了获得长期稳定的财务支持，使遗址管理人员不再需要通过琐碎的筹款活动来维持财政支出，同时也有利于遗产地从其他捐助者处筹集额外的资金。

马尔佩洛岛模式取得成功的原因在于几个主要慈善基金会提供的初始资金支持，以及一套能够计算实际管理成本的可靠方法。管理者想要制定精确的预算，就需要对结构性成本（如设备等一次性费用）、重复性成本（如维修费等年度费用）和未来项目成本（如研究、监管费用等）做出合理估计。①

图 1-5②　马尔佩洛岛海鳗

（© UNESCO　摄影师：Yves Lefèvre）

---

① 资料来源：Fondo Acción, http://fundacionmalpelo.org/。
② 图片来源：联合国教科文组织世界遗产中心官方网站。

世界遗产海洋遗址对游客具有较强的吸引力。每年，数以万计的游客前往海洋遗产地旅游，并享受游艇、邮轮、帆船或其他娱乐项目。案例 6 展示了世界遗产海洋遗址通过旅游业收入建立融资机制的成功实践。

管理者要想成功获取这部分收益，就必须思考旅游业的管理方法。由于旅游业巨大的潜在收益，地区管理者可能会采取措施促进游客数量的增加，但这种增长可能超出了遗产突出普遍价值的承载能力。为应对此类威胁，一些优秀的海洋遗产管理地选择重点吸引少数高质量的游客，或与"绿色"旅游经营者达成战略伙伴关系，而非单纯寻求旅游人数的全面增长。

案例 6 世界遗产"冰川湾"通过邮轮特许经营获得可持续资金

1979 年，克卢恩/兰格尔—圣伊莱亚斯/冰川湾/塔琴希尼—阿尔塞克公园（Kluane/Wrangell-St.Elias/Glacier Bay/Tatshenshini-Alsek）被列入《世界遗产名录》。该遗址横跨美国和加拿大两国边界，包含海洋和陆地两个生态系统。

多数游客选择乘坐邮轮前往冰川湾（Glacier Bay），而当地为了降低旅游业对环境的影响，要求包括邮轮在内的所有进入冰川湾的船只持有许可证。这一准入制度能够有效控制公园中船舶的数量、类型、停留时间和开展的活动。

美国国家公园管理局（National Park Service）负责决定每年分配给游船的许可证数量，通常情况下，第三季度的 92 天中共发放 153 个许可证。邮轮经营者可以通过竞争性投标获得许可证。美国国家公园管理局还为许可证撰写了一份说明书，并提出对每名乘客收取一美元的费用，用于该地区突出普遍价值的保护。说明书中规定的行动标准包括：①在公园内使用燃气涡轮发动机或低硫燃料，以减少对空气的污染；②码头等地禁止排放污水，以保护园区水质；③回避鲸鱼等生物以保护海洋哺乳动物。

此外，该标准还提出了讲解项目，即由国家公园管理局的讲解员登上船只，介绍该地区的自然、文化历史和世界遗产价值等相关知识。

说明书的最后一部分介绍了每位乘客所缴纳的费用，以及为遗产地管理机构捐款的其他方式。在环境标准和财务支持承诺这两项评分中得分最高的旅游经营项目，将会获得进入冰川湾的 10 年期经营许可权。这一特许经营制度体系取得了显著成效，不仅为遗产地提供了 50% 的管理经费，还提高了当地的知名度，加强了对其突出普遍价值的保护。①

---

① 资料来源：美国国家公园管理局，http://www.nps.gov/glba/parkmgmt/cruise-ship-prospectus-glba-cs-08.htm.

《世界遗产名录》中的遗址，尤其是那些位于最不发达的国家的遗址，也能够从世界遗产基金（World Heritage Fund）获得收益。世界遗产基金每两年提供约 100 万美元，用于援助部分国家的遗产保护活动。该基金能够提供以下 3 个方面的援助：①保护和管理类援助，用于监测、保护和管理遗址等工作，或开展管理能力建设活动；②紧急援助，遗址因发生地震、地面沉降、火灾、洪水或人为灾害等突发事件而遭到了严重破坏时，对这些处于危险中的地区提供援助；③预备性援助，用于潜在的世界遗产地开展名录编制或提名等准备工作。然而，世界遗产基金的援助资金总额越来越难以应对各遗产地日益增长的需求和日益增加的国际援助请求。[①]

快速反应基金（Rapid Response Facility）是世界遗产的另一个重要的资金来源，这是由联合国教科文组织世界遗产中心、联合国基金会（the United Nations Foundation）和国际野生动植物保护机构（Fauna & Flora International）共同运作的小型补助项目，旨在为遇到紧急情况的遗址调动即时援助资金。[②]

总而言之，实现世界遗产的成功管理有赖于资金来源的多样性，而不能仅仅依靠单一的融资机制提供所有资金。不同的融资类型可能具有不同的可行性和实用性，筹资机制的选择应该考虑如下因素：[③]

① 财务因素：例如用户带来的收益，即用户收费系统是否应该建立？

② 法律因素：新的融资机制能否适应现存的法律体系？如果不能，能否建立新的法律？

③ 管理因素：收集、确认和维护特定的使用费以及其他交易系统数据存在怎样的困难？

④ 社会因素：哪些人会付出成本？他们是否有能力和意愿来做出贡献？

⑤ 政治因素：政府是否对其他融资机制与融资目标有支持的意象？

⑥ 环境因素：大力发展旅游、增加旅游收入是否会对遗址其他方面的发展造成损害？是否会超过遗址的承载能力？

注意：虽然旅游业能够为遗产地提供必要的资金支持，但它同时也是《世界遗产公约》中提到的未来将面临的最紧迫的挑战之一。根据经济可持续发展的最佳实践方案，世界遗产中心旅游项目（World Heritage Centre's Tourism Programme）正在开发一系列可持续旅游操作指南，以下是该指南包含的主题。

---

① 获取更多信息：http://whc.unesco.org/en/intassistance/。

② 获取更多信息：http://whc.unesco.org/en/activities/578。

③ 查看潜在融资机制和收入来源清单：Financing Marine Conservation, 2004, www.panda.org/downloads/marine/fmcnewfinal.pdf 与 http://depts.washington.edu/mpanews/MPA126.pdf。

手册 1：了解旅游目的地。

手册 2：制定渐进的改变战略。

手册 3：建立有效的管理体系。

手册 4：吸引当地社群和交流活动。

手册 5：与旅游者沟通交流。

手册 6：建设和管理旅游基础设施。

手册 7：通过产品、经验和服务提升价值。

手册 8：管理旅游者行为。

手册 9：保障性基金和投资。

手册 10：借鉴可持续旅游的成功案例。

任务3　认识遗产关键生态特征的时空分布及其现状

　　了解所在地区的关键特性、明确区域内进行的活动是制定管理计划的关键环节。管理者应该充分认识遗产突出普遍价值的关键特征，以及与之相关的人类活动，从而进一步确定突出普遍价值和人类活动之间的兼容性与冲突性。例如，部分物种的产卵区既具有突出普遍价值特征，也具有娱乐性和开发功能，因此可能存在开发与保护的冲突。为了明确这些冲突，保护遗产的突出普遍价值，管理者需要了解遗产生态特征的现状及其时空分布规律。

　　根据世界遗产海洋遗址的定义，在水深测量、水的分层与运动、生物和人类活动的影响下，海洋存在显著的空间差异。进一步考虑时间差异会发现，一些现象发生在几个小时、几天或几个月中，而另一些现象的发生将持续数年、几十年或几个世纪。世界遗产海洋遗址中自然进程的复杂性，以及由此产生的空间和时间上的交错格局，意味着管理者不能将海洋区域视为一个无差别的整体，以"一刀切"的体制进行管理。规划者和管理人员想要成功地管理世界遗产海洋遗址，就需要了解并运用海洋在时间和空间上的多样性。[①]

　　注意：评估遗产地的现状是一项耗时耗力的工作，它可能会消耗计划实施过程中人们的注意力和各方面的资源。为了防止这项工作本身成为遗产保护的目的，管理者应当使其更具战略性和实用性，充分利用遗产地原有的专业知识。

---

　　① 参考文献：Crowder L and Norse E. Essential ecological insights for marine ecosystem-based management and marine spatial planning[J]. Marine Policy, 2008, Vol. 32. N. 5. pp. 762-771.

需要说明的是，该任务和本章节讨论的其他任务均不需要消耗大量资金，且无须制定长期的研究框架。

对于部分遗产地而言，尽管其整个遗址都具有突出普遍价值，但在涉及价值保护时，无论是从环境还是从社会经济的角度来看，各个部分的重要性仍有所不同。遗产地中往往有部分地区在生态学或生物学方面比其他地区更重要，其原因有以下 7 个方面：

① 独特或罕见；

② 对于食物链、顶级捕食者的生存、繁衍地和产卵区等具有特殊的重要性；

③ 对于受到威胁、处于危险或衰竭状态的物种和栖息地具有重要意义；

④ 易毁坏、脆弱、敏感或难以复原；

⑤ 较高的生物生产力；

⑥ 高度的生态或生物多样性；

⑦ 自然形成或未经开发。

管理者需要特别注意具有高度生态学或生物学意义的区域，因为这些区域被破坏的可能性更高，恢复时间更久，并且更有可能通过有效管理获得更大的长期利益。超过 50% 的世界遗产海洋遗址可能属于禁渔区，但如果渔业活动的区域不包括最关键的地区，它对于保护遗产突出普遍价值的长期影响微乎其微。

在认识遗产的关键生态特征时，最实用的方法是对前一个步骤中梳理出的突出普遍价值的各个组成部分进行标记，并在其中找出上文所提到的生态系统特征。案例 7 根据美国帕帕哈瑙莫夸基亚（Papahānaumokuākea）国家海洋保护区的案例详细地讲述了这一操作步骤。

案例 7　绘制帕帕哈瑙莫夸基亚国家海洋保护区的突出普遍价值地图

美国帕帕哈瑙莫夸基亚国家海洋保护区由于其独特的自然和文化价值，于 2010 年被列入《世界遗产名录》。该遗产地的大部分区域由远洋和深海栖息地组成，其显著特征包括海底山脉、淹没的河岸、大量的珊瑚礁和潟湖，以及其他较高的地方特性。该遗产也因其深刻的宇宙哲学意义和传统价值受到了广泛的认可，它是"夏威夷式"观念中人与自然世界亲缘关系的具体体现。

作为 2011—2015 年自然资源科学计划（Natural Resources Science Plan）的组成部分，遗产管理者标记了该地突出普遍价值的几个关键组成部分，并使用这些标记进行了目标监测和评估活动。随着时间的推移，这些标记能够对该遗址突出普遍价值保存状态的趋势进行全面描述。以下内容详细介绍了该遗址被列入《世界遗产名录》时，关于其突出普遍价值的声明对开展这项工作的指导和帮助。

帕帕哈瑙莫夸基亚国家海洋保护区突出普遍价值的描述（摘录）。

标准（iii）：尼华岛（Nihoa）和穆库曼马纳岛（Mokumanamana）上保存完好的古神庙及相关传说是夏威夷的独特资源。在太平洋和波利尼西亚具有 3000 年历史的马拉-胡岛（marae-ahu）文化体系下，这些资源证明了夏威夷、塔希提岛（Tahiti）和马尔奎斯群岛（Marquesas）之间强烈的文化联系，这也是当地居民长期迁徙的结果。

标准（vi）：作为太平洋社会文化模式演进的关键表征，帕帕哈瑙莫夸基亚国家海洋保护区历史悠久，充满活力的信仰具有显著的意义，该信仰还有助于加深人们对古马拉-胡岛文化背景的理解。例如，在玻利尼亚的中心——赖阿特阿岛（Raiatea），该信仰曾风靡一时。传统的夏威夷人会庆祝帕帕哈瑙莫夸基亚大自然赐予的丰饶物资，并且将它与神圣的生死联系在一起。这些传统与尼华岛和穆库曼马纳岛的上古神庙、西北部的原始岛屿都有着直接而清晰的关联。

标准（vii）：该地区由热量和板块运动相对稳定的地域构成，是岛屿热区（island hotspot）发展的典型案例。帕帕哈瑙莫夸基亚国家海洋保护区拥有世界最长、最古老的火山链，其地质变化过程具有显著的规模性、特殊性和相关性，塑造了人们对板块构造和热区的认识。该地区的地质价值直接关系到夏威夷火山国家公园（Hawaii Volcanoes National Park）和其作为世界遗产的价值，同时也提供了热区火山活动的重要证据。

标准（ix）：该地区从海平面下 4600 米到海拔 275 米都是生物的栖息地，包括深海地区、海底山脉、被淹没的河岸、珊瑚礁、浅潟湖、滨海海岸、沙丘、干旱草场、灌丛和咸水湖等。这些群岛的大小差异、生物的地理隔离情况，以及岛屿和环礁之间的距离共同导致了栖息地类型和物种组合的多样性。帕帕哈瑙莫夸基亚国家海洋保护区还是持续进化过程和生物地理过程的典型案例。正如其独特的生态系统所展示的，当地的海陆物种有着共同的祖先和相似的物种组合方式，呈现出强烈的物种特征。例如，目前已知的近 7000 种海洋物种中，有大约 1/4 是当地所独有的，超过 1/5 的鱼种是当地群岛特有的，而具有地方特色的珊瑚数量超过了 40%。随着人们对物种和栖息地的进一步研究，这些数字还有可能上升。由于当地环境具有独立性、规模性，并且受到了良好的保护，其珊瑚礁生态系统保存十分完好，仍然由鲨鱼等顶级捕食者所控制。然而，其他大部分岛屿则由于大量的人类活动而失去了应有的环境特征。

标准（x）：帕帕哈瑙莫夸基亚国家海洋保护区的陆地和海洋栖息地对许多濒危或易危物种的生存至关重要，这些物种包括濒临灭绝的夏威夷僧海豹

（Hawaiian Monk Seal），莱岛鸭（Laysan Duck）、莱岛拟管舌雀（Laysan Finch）、尼岛拟管舌雀（Nihoa Finch）和尼岛苇莺（Nihoa Millerbird）四种当地特有的鸟类，以及扇形棕榈（Fan Palm）等六种濒危植物，其栖息地部分或完全分布在该地区。帕帕哈瑙莫夸基亚国家海洋保护区也是海鸟、海龟和鲸类等物种觅食、筑巢和繁育的重要栖息地。这里是世界上最大的热带海鸟栖息地，每年有 550 万只海鸟在该保护区内筑巢，1400 万只海鸟季节性地栖息在此，其中包括全球 99％的陆地信天翁（易危物种）和 98％的黑足信天翁（濒危物种）。尽管与其他珊瑚礁环境相比，该地的生物多样性相对较低，但其生物的保护价值非常高。

为突出普遍价值的空间分布制作清单能够更具体地了解需要保护的关键部分的位置，以及它们当前的状况。例如，澳大利亚的大堡礁（Great Barrier Reef）世界遗产区开发了一种分级系统，以 1981 年《世界遗产名录》上的资料为基准，向人们提供了现状与趋势的信息。

案例 8　评估澳大利亚大堡礁突出普遍价值的现状，分解遗产的突出普遍价值

澳大利亚大堡礁（Great Barrier Reef）拥有其他世界遗产所无法比拟的丰富物种，其生物多样性、特有和濒危物种极为重要，带来了巨大的科研价值。大堡礁申遗时，世界自然保护联盟曾做出评估，并表示"如果世界上只有一处珊瑚礁能被列入《世界遗产名录》，那一定是大堡礁"。

标准（vii）：无论是水上还是水底，大堡礁都拥有着地球上最美、最壮观的自然景色。它由澳大利亚东北海岸的一串复杂的珊瑚礁结构组成，是为数不多的可以从太空中看到的生命结构体之一。

从空中俯瞰，暗礁、岛屿和珊瑚礁镶嵌成了大大小小、形状各异、无与伦比的空中海洋景观图画。圣灵群岛（Whitsunday Islands）被绿色植被所覆盖，壮美的沙滩在蔚蓝的海面上蔓延，形成了独特的瑰丽景色。与之形成鲜明的对比的是欣钦布鲁克岛峡（Hinchinbrook Channel）的大片红树林，岛屿上崎岖的山脉和葱郁的雨林沟壑不时被云层遮盖。

在许多珊瑚礁上都有重要而壮观的海鸟和海龟繁殖地。其中，雷恩岛（Raine Island）是世界上最大的绿海龟繁殖地。在一些陆边岛，越冬的蝴蝶会定期聚集在这里。

在海面之下可以看到丰富多彩、形态各异的生物，例如由硬珊瑚和软珊瑚组成的壮观的珊瑚组合，以及成千上万种色彩丰富的礁鱼等。

　　为了在预算范围内对遗产地的资产目录和当前状况进行评估，管理者需要充分利用已有的信息，并随着时间的推移逐步收集更全面的数据。在大多数情况下，管理者需要综合现有信息，以了解当地突出普遍价值面临的压力及其影响，并确定事项的优先级。关于突出普遍价值的核心和现状的空间信息具有多种来源，包括现有的科学文献、直接的实地测量、政府资源、非政府组织报告以及在地传统知识等。案例 9 介绍了菲律宾图巴塔哈群礁海洋公园（Tubbataha Reefs Natural Park，参见图 1-6）的情况。

图 1-6^①　**菲律宾图巴塔哈群礁海洋公园**

（© UNESCO　摄影师：Ron Van Oers）

　　案例 9　利用在地专业知识，标记菲律宾图巴塔哈群礁海洋公园突出普遍价值的位置与现状

　　如果潜水者频繁地访问同一地点，他们就能够发现水下环境的变化。因此，一些人发起成立了拯救菲律宾珊瑚礁（Saving Philippine Reefs）潜水探险队，为负责监测菲律宾珊瑚礁变化情况的潜水者提供指引。

---

① 图片来源：联合国教科文组织世界遗产中心官方网站。

一位热心的潜水者在过去的 25 年间, 定期与菲律宾珊瑚礁潜水保护团队一起参观世界遗址图巴塔哈群礁海洋公园。在此期间, 他详细记录了该地区的顶级捕食者和其他关键物种的变化情况, 并汇编成了遗址关键特征分布和变化趋势的可靠记录。通过这些数据, 该世界遗产海洋遗址的管理人员能够了解当地遗产的变化情况, 并做出相应的管理决策。

注意: 通常, 遗产所在地的学校和非政府组织已经编制了关于遗产的数据库, 但它们可能被淹没在大量不容易获取的文献中。另一方面, 世界遗产地也积累了定期访问的热心群众所提供的大量信息。因此, 为了更加快捷、实用地收集信息, 遗产地应该将科学家、专家学者、专业摄影师和了解遗址的资源使用者聚集在一起, 让他们在纸质的地图上标出遗产突出普遍价值的核心部分所处的位置及其状态。

在这个过程中形成的地图能够帮助管理者明确需要优先关注的位置, 在监测和评估遗址的管理成效时, 这一举措能够得到长远的回报。通常情况下, 空间地图应该是最新的、客观的、可靠的, 且能够描述构成遗产突出普遍价值的关键特性。尽管 GIS（地理信息系统）地图能够提供理想的科学数据, 但管理者不能忽视其他形式的地图的作用。

任务 4 认识人类活动的时空分布及其对遗产的影响

超过 70% 的世界遗产海洋遗址具有多种用途, 包括沿海开发、渔业、旅游和航运等一系列人类活动。通常, 这些活动的频率和强度随时间而变化, 例如, 旅游业或渔业活动的开展可能仅限于一年中的某几个月。管理者必须了解这些活动对遗产突出普遍价值的影响, 并重点关注其关键的生态系统特征。

通过可持续管理, 能够实现人类活动与遗产地保护目标的统一。表 1-3 概括了人类活动对海洋环境影响的一些常见类型。

表 1-3[①]　人类活动对海洋生态系统可能造成的影响概况

人类活动	港口建设	港口运营	海运	城市发展	工业开发	基础设施建设	人工河道障碍	沿海农业	沿海林业	海上油气业务	砂石开采	近海水产养殖	拖网商业捕鱼	其他商业捕鱼	休闲渔业	手工渔业	渔猎活动	旅游业	娱乐	军事活动	气候变化	海洋酸化
改变海岸、海洋生态系统和栖息地	√	√	√	√	√	√	√	√	√	√	√	√	√	√	√	√	√	√	√	√	√	√
降水、风暴的变化																					√	
洪水灾害增加																					√	
海洋、空气温度升高																					√	
增加天气变异性（降雨/风暴）																					√	
海平面变化																					√	
盐度变化																				√	√	
水流、环流变化																					√	
海岸下沉										√										√	√	
海岸侵蚀	√	√					√			√	√											
淹没或改变湿地、红树林、海草和其他栖息地	√	√	√	√	√	√		√	√			√										
非法存置废弃物	√	√	√	√						√		√	√	√				√	√	√		
沿海定点排放污水				√				√										√				
沿海非定点排放城市和农业污水				√		√		√										√				
分水岭、集水处养分流失			√															√				
富营养化与"死亡区"的形成				√														√				
流域径流的泥沙沉积																						
分水岭、集水处径流中的农药和除草剂								√	√									√				
引进家畜对野生动物造成的侵扰								√														
船只锚定在珊瑚礁或其他敏感栖息地			√									√	√	√	√			√	√	√		
捕捞过程中非目标物种的丢弃													√	√								
捕捞非目标鱼种，如对虾和海参等													√	√								
在缺乏保护的鱼类产卵区捕鱼													√	√	√							
通过捕鱼，获取鲨鱼等顶级食肉动物													√	√								
非法捕捞或收藏海洋生物													√	√								
底拖网作业对渔业造成的物理影响													√	√								
偷猎和非法采集受保护的物种													√	√								
贝类酸化死亡																						√
鱼类种群的迁移或迭代						√	√														√	√
鱼类种群的增加																					√	
沿海渔业的衰退																					√	
对受保护动物的传统狩猎																	√		√			
化学品泄漏	√	√	√																	√		

---

① 资料来源：联合国教科文组织世界遗产海洋项目，2014。

续表

人类活动	港口建设	港口运营	海运	城市发展	工业开发	基础设施建设	人工河道障碍	沿海农业	沿海林业	海上油气业务	砂石开采	近海水产养殖	拖网商业捕鱼	其他商业捕鱼	休闲渔业	手工渔业	渔猎活动	旅游业	娱乐	军事活动	气候变化	海洋酸化
原油泄漏	√	√		√	√					√	√									√		
重要栖息地被珊瑚或海草等覆盖	√	√								√	√											
噪声污染			√							√	√								√	√		
垃圾和塑料污染			√							√	√	√										
受保护物种吞食入海洋碎屑或被缠住																						
水产养殖对外来物种的引入												√										
船舶压载水排放对外来物种的引入			√																	√		
船体污染对外来物种的引入			√																	√		
船舶排放垃圾、废水等污染物			√																			
船舶停滞导致受保护物种的死亡			√																			
船舶接地造成的物理损坏			√																			√

遗产地的人类活动和生物现象一样，可能发生一定的时空变化。例如，捕鱼活动只能在有鱼的时期和地方开展；港口的发展需要根据货物装载时间、海上运输路线和港口准入等标准，安置在最经济的沿海地区；风能设施需要设置在有风的地方等。

因此，为了确定突出普遍价值保护的优先次序，管理者必须了解遗产地人类活动的空间和时间分布。案例 10 以澳大利亚的世界遗产宁格罗海岸（Ningaloo Coas）为例，绘制了当地人类活动的地图。

案例 10　测绘澳大利亚宁格罗海岸的人类活动地图

2011 年，宁格罗海岸因其独特的自然现象和生物多样性，被列入《世界遗产名录》。人们在宁格罗海岸的活动具有季节性，娱乐活动大多集中于 4 月至 10 月。为了绘制当地人类活动的地图，来自莫道克大学（Murdoch University）的研究人员在 12 个月的时间里，定期对整个公园内的人和船只进行调查，并形成了一套关于宁格罗海岸的娱乐活动和游客分布模式的基准数据。

研究人员采访了部分在当地开展活动的人，并确定了调查所需要使用的指标，例如船只坡道上拖船车的数量和靠近遗址的车辆数量等。调研形成了一份具有高分辨率的地图（参见图 1-7），显示出宁格罗海岸休闲活动的时空分布特征和游客的人口特征。这些数据能够被应用在保护规划上，有助于人们了解最新修订的 2005—2015 年遗产管理计划。

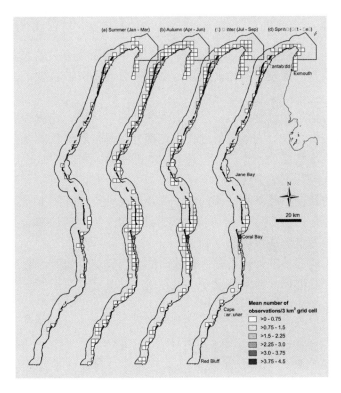

图 1-7[①]　宁格罗海岸休闲活动的时空分布

　　注意：遗产地以外的人类活动也可能影响其突出普遍价值。人类活动不仅会在遗产地的范围内对其突出普遍价值造成影响，还可能在遗产地外产生影响。因此，遗产地的规划边界通常比管理边界更为宽泛，并且需要编制遗产地以外人类活动的时空分布信息。为了长期保护遗产的突出普遍价值，遗产地管理者需要与位于其他国家或地区的合作伙伴进行协商。

　　东大西洋的国际海上交通密度对毛里塔尼亚阿尔金岩石礁国家公园（Banc d'Arguin National Park）的保护构成了潜在威胁，因此，国际海事组织（International Maritime Organization）规定了特殊的遗址保护措施。

　　许多当地团体会利用世界遗产海洋遗址的资源获取经济效益。因此，在制定决策的过程中，需要将世界遗产地和其他海洋保护区中的人为因素考虑在内。

---

　　① 图片来源：Beckley et al. 2010. Ningaloo Collaboration Cluster: Human use of Ningaloo Marine Park[R]. Ningaloo Collaboration Cluster Final Report, No. 2166.

基于生态系统的方法要求管理者通过理解规划过程(社区和领土)、区域联系(区域内和跨区域的社区和经济体)、空间和规模(地方的、区域的、国家的和国际的)来认识和管理生物的物理资源,并研究其中与人类有关的因素。因此,为世界遗产地及其周围发生的近海活动绘制时空分布图时,需要关注其与陆上社区的联系。

社会经济信息经过整合后,通常表现为捕鱼、采矿、疏浚和航运等特定活动在该区域是否存在。为了更好地使用这部分信息,管理者既要在空间和时间的维度上记录这些活动,也应该记录其中人的因素。例如,缺少对渔业社区地点和区域内人类活动的关注,仅考虑捕鱼强度的分布图,可能会忽略资源使用过程中涉及的社会、经济和法律问题,以及活动地点与其陆上社区和经济体之间的关系。案例 11 介绍了一种可视化的方法,用于离岸活动和陆上社区之间的联系,有助于为管理决策提供基础。

这类图示能够帮助管理者在保护遗产的突出普遍价值时,明确识别可从中获益的相关利益群体。通常情况下,世界遗产的既有利益不属于当地社区,或者长期承担遗产地保护费用的机构。

案例 11　绘制美国缅因湾渔民的社会景观图

美国罗格斯大学(Rutgers University)地理学家凯文·圣马丁的研究课题说明了人类因素在遗产管理中的映射作用,及其对决策的影响。根据对北美洲东北海岸的缅因湾(Gulf of Maine)渔民的了解,圣马丁绘制了当地渔民捕鱼地点、居住地、使用工具的齿轮类型和卸货港口的地图。

这一研究成果被用于该地区社会和经济发展状况的描述地图中,有助于管理者更好地了解近海捕鱼活动,以及与相关人类社区和土地之间的联系,从而识别出受管理决策影响最大的社区。政府和社区领导也能够通过地图了解拟议的管理行动对各个社区可能产生的影响,并在做出管理决策时有效地代表其选民的利益。此外,在斯克里普斯研究所(Scripps Institution)的科学领导下,世界遗产海洋遗址加利福尼亚湾(Gulf of California)群岛和保护区(参见图 1-8)的管理人员也采取了此类行动。[①]

---

① 加利福尼亚湾岛屿保护区,2005 年,http://www.gocmarineprogram.org/index.php/content/Spatio-temporal_Dimensions_of_Fisheries。

图 1-8[①]　加利福尼亚湾岛屿保护区

（© UNESCO　摄影师：Michael Calderwood）

任务 5　冲突评估与管理方案选择

　　了解海洋遗产管理现状的最后一项任务是比较生态特征图与人类活动图，确定其时间和空间的重叠区域，识别其中可能存在的冲突与相容性。在这一过程中，如果没有出现空间的重叠，则可能不需要调整管理操作。

　　但是，由于多数世界遗产海洋遗址具有多种用途，人类活动与构成遗产突出普遍价值的重要生态特征之间极有可能发生潜在的空间重叠。同时在某些情况下，不同的人类活动之间也可能发生冲突。在相容性方面，由于多数活动的进行时间可能发生变化，管理者也可以找到现实或潜在的相容性机会。例如，当人类活动在不同于生态过程的时间尺度运行时，可能不会出现潜在的空间冲

---

　　① 图片来源：联合国教科文组织世界遗产中心官方网站。

突。案例 12 提出了将冲突和兼容性可视化的简单方法。

通过可持续管理，经济活动可以和保护世界遗产海洋遗址突出普遍价值的目标兼容。上文提及的地图绘制方法有助于管理者理解实现目标所需要解决的问题。由于最重要的生态区对突出普遍价值的长期可持续保护具有重要影响，管理者若想有效保护遗产，就必须将其中的人为干扰因素最小化。

案例 12　识别科伊巴国家公园及其特殊的海洋保护区中人类使用活动与突出普遍价值间的冲突

2005 年，巴拿马科伊巴国家公园（Coiba National Park）由于其特殊的海洋生态系统和生物多样性特征被列入联合国教科文组织《世界遗产名录》。在 2014 年 1 月的反应性监测中，世界自然保护联盟和世界遗产中心认为，非法捕鱼和钓鱼运动对构成该遗产突出普遍价值的一些关键生态区域造成了威胁。

环境监测数据显示，汉尼拔海岸（Hannibal Bank）、蒙图索萨岛（Montuosa Island）和乌瓦岛（Uva Island）不仅是科伊巴国家公园中部分高级物种的重要产卵地和繁育地，在所有世界遗产地中它还是一些物种最重要的栖息地。然而，对利益相关者的采访表明，非法捕鱼和钓鱼运动已经威胁到了这些珍稀生态区的保护，其中还包括对遗产突出普遍价值的长期健康发展具有重要影响的两个主要区域。

鉴于生态特征图与人类活动图重叠空间的特殊性，管理者在保护遗产时应重点关注这些面临冲突的区域。①

累积效应的影响在冲突评估中变得日益重要，它指的是过去、现在和未来影响的增量对环境产生的综合影响。即使某一活动本身对突出普遍价值的影响是微乎其微的，当它在一定时间内与同一地理区域的其他影响因素相结合时，其显著的累积效应将不可逆转地改变遗产的突出普遍价值。

对海洋环境中累积效应的影响评估研究目前仍处于起步阶段。然而，人们普遍认为海洋温度上升、海水酸化和气候变化等因素，可能会改变遗产保护的"游戏规则"。特别是在经历了严重退化或过度使用的生态系统中，累积效应可能对生态系统功能的构成及其发展造成不可挽回的后果。据报道，即使在拥有着先进可持续管理能力的世界遗产海洋遗址地，当地机构也没有做好应对这些累积影响的万全准备。为解决这一问题，人们普遍认为应该尽量减少人类活动，

---

① 资料来源：联合国教科文组织，雨果·布兰切特，2015。

以增加构成遗产突出普遍价值的脆弱生态系统的弹性。案例13从世界遗产地管理者的角度，介绍了帕帕哈瑙莫夸基亚国家海洋保护区累积效应的影响。

案例13　测绘帕帕哈瑙莫夸基亚国家海洋保护区累积效应影响地图

2006年，科学家们设计了一个新的"生态脆弱性指数"，通过五种方式评估了人类活动可能对生态系统造成的不利影响，测量指标包括影响的面积和频率、受影响物种的数量、损失的生物总量和受冲击后的恢复时间。

研究者采访了当地的海洋生态学家，对世界遗产海洋遗址区前礁、远洋和软质海底等栖息地的各项指数进行了估算，并按其影响的不同对威胁因素进行排序。在3个月的时间内，研究者收集了栖息地遭受威胁的强度和排序等相关数据。

研究收集的数据还包括一段时间内外来物种入侵、深海鱼钓、使用捕龙虾器、船舶污染、船舶撞击风险、海洋垃圾、潜水和施工设备安装、野生动物死亡等情况，以及一些人为因素对气候变化造成的威胁，如紫外线（UV）辐射增加、海水酸化、疾病暴发和珊瑚白化导致的海洋温度异常、海平面上升等。在地图的每个区域上，人类活动的累积影响都得到了有效衡量。结果显示，温度压力、海洋废弃物和气候变化给生态系统带来的风险最大，三者共同构成了遗产突出普遍价值的累积影响。

累计影响的结果是遗产地做出使用许可决策的重要依据，这已经被纳入环境影响评估程序中。累计效应地图和相关数据能够有效比对受威胁的程度和栖息地的敏感性，并完整传达出人类活动对海洋系统构成要素的影响，从而进一步编制海洋空间规划地图。地图定期更新后，可以用来评估累积效应的变化。据此，遗产管理者能够设定可衡量的目标，以减少这种累积效应的影响。

步骤一提供了实用的分步指导，帮助遗产管理者认识海洋遗产的管理现状，接下来，本手册将提出海洋遗产管理的愿景。

步骤二　明确海洋遗产管理愿景

摘　要

这个步骤应当传递哪些内容？

1. 在没有新的管理干预的情况下，遗产突出普遍价值的未来发展趋势；
2. 根据优先考虑的目标，说明人类活动可能的空间分布场景；
3. 提出世界遗产海洋遗址的理想未来，选择合理的管理措施。

➢　从被动管理走向主动管理

如今，世界遗产海洋遗址面临的最大挑战在于如何平衡遗址的不可替代价值和增加或改变了的社会经济发展情况与使用需求之间的关系。除了一些地理位置偏远、无法开发的地带，世界各地几乎所有的世界遗产海洋遗址都面临着这一挑战。

大多数管理者尝试以一种持久而有意义的方式解决这一问题。然而，管理者做出的决策往往会受到商业力量的推动和经济发展的影响，因此具有临时性的特点。当各国政府缺乏必要的管理和理解能力，且缺少对于遗产地未来的战略构想时，将无法避免地导致遗产的过度开发。考虑到世界遗产海洋遗址的全球意义、对人类的重要价值，以及旅游和相关基础设施的迅速发展，在缺乏对于未来的清晰构想时，遗产就显得尤为脆弱。

任何既定的遗产地都有多种可能的未来场景。然而，很少有遗产管理者对遗产地的未来做出积极的规划和构想。管理者往往在了解海洋遗址现状的过程中消耗了大量的时间和金钱，但是应该明确的是，了解现状只是管理工作的开始。

规划在本质上是面向未来的活动，能够为遗产地创建不同的未来场景，从而让人们理解今天所做的决策的意义。了解遗产地的未来发展方向，有利于管理者避免被动的、停留于个案的狭隘决策。反之，能够使管理者努力的方向与遗产未来的发展方向相一致。对所有的世界遗产海洋遗址来说，管理者期望的遗产地未来状态能够反映其突出普遍价值受到持续保护的情况。

在这一步骤中，人们需要明确海洋遗产管理愿景，以下任务序列将有助于管理者调整其计划和方案：

任务 1. 分析当前趋势，并预测遗产地发展前景；

任务 2. 为遗产地未来的使用构建备选情景方案；

任务 3. 预测遗产地备选情景方案的可能结果；

任务 4. 选择遗产地开发愿景。

任务 1　分析当前趋势，并预测遗产地发展前景

通过预测遗产突出普遍价值的未来趋势，管理者能够清楚地得知，当采用某种管理措施时，遗产地将会面临的未来情景。同样地，通过预测现有人类活动的时空趋势，管理者能够了解在不干预世界遗产海洋遗址当前的管理方式时，所可能发生的结果。这项工作的成果被称为"趋势情景"，其本质在于探讨"不采取管理措施时的可能结果"。

趋势分析通常被用来预测企业经营战略的可能结果，或城市规划政策对人口变化的影响，但其在海洋环境方面的应用仍处于初级阶段。对于世界遗产海洋遗址，综合的趋势情景应包括以下三个重要的组成部分：

• 组成遗产突出普遍价值关键特征的未来变化趋势；

• 人类对空间和资源扩展的最新需求，及其在商业和非商业领域的时空变化趋势；

• 遗产突出普遍价值影响因素的变化趋势。

明确趋势情景首先需要制定一个时间表，包括该趋势的基准年份和目标年份。与步骤一相同，世界遗产海洋遗址的基准年应与联合国教科文组织《世界遗产名录》上的遗址登记日期对应，这是世界遗产委员会审查遗址保护状态时的参考基准。最重要的是，所有预测中使用的时间表必须一致，以便在未来比较各个部分的人类活动。值得注意的是，由于对海洋保护区的持续性科学研究和监测活动直到 20 世纪 70 年代末才开始。因此，在任何趋势分析或预测工作中都必须考虑遗产管理不断变化的时间基线。

（1）确定正确的参数

在构建遗产突出普遍价值的关键特征趋势时，需要确定正确的参数。例如，

在预测生物多样性趋势时，应确定关键物种栖息地的趋势参数和物种或种群数量的趋势参数。此外，还应该考虑生态系统健康与内在的物理、化学和生态过程之间的联系，并根据遗产地的环境和历史，评估疾病暴发的频率和规模等变化趋势、人口的变化和迁移趋势，以及有害物种构成的趋势等。

（2）预测遗产未来的开发利用

接下来，管理者需要了解人类在世界遗产海洋遗址中对空间和资源的利用趋势。通常，遗产地管理机构对人类活动中新兴的或中长期的趋势，以及随之而来的空间和时间需求，都缺乏清楚的认识。因此，当新的私营部门在遗产地开展活动时，管理人员往往措手不及，而这些"新"的海洋空间与资源需求，通常和遗产已有行业的发展趋势密切相关。因此，在规划过程中，管理者需要了解不同行业在遗产地的工作规划。

例如，技术创新可以使人们到曾经无法到达的地方、更远的海域和更深的水域开采资源，并提升开采活动的有效性。人类活动的发展趋势之所以会发生改变，还可能是由于法律、政治或经济重心和市场力量的改变引起了资源使用者经济能力的变化。

一个积极主动的管理者需要对遗产地的人类开发与利用活动具有初步的了解。为获得这些信息，管理者可以咨询各个部门的代表，重点关注各部门对其在遗产管理时间表中位置的认识，以及与管理活动相关的空间和时间需求。

例如，荷兰政府决定更新其国家供水计划时，询问了各个部门对 2015 年和 2020 年的人类活动进行展望的图景。各部门需考虑最高发展水平、中等发展水平和最低发展水平三种情况。当地政府利用这些信息为位于北海（the North Sea）的荷兰海域构建了未来使用的备选方案。[①]

注意：遗产与变化的时间基线。关于海洋养护的系统研究、监测和数据收集工作直到 20 世纪 70 年代后期才开始。然而，许多遗产地的经济活动可以追溯到更久以前，当人们开始收集海洋数据时，其突出普遍价值关键特征的趋势可能已经被极大地改变了，这为评估真实的情况和趋势带来了重大挑战。

每一代科学家在研究新领域的趋势时，都有一种倾向，即将其职业生涯开始时的物种规模和组成情况作为评估变化的基准。例如，当下一代科学家出现时，鱼类的种群数量将进一步减少，但是，鱼群此时的数量才应该是后续研究的基准。

因此，研究人员分析和预测趋势的结果很可能只针对发生了变化的时间基

---

① 资料来源：荷兰交通、公共工程和水资源管理部，北海前政策文件，2008。

线，无法反映出随着时间的推移而发生的变化。因此，在对世界遗产海洋遗址进行预测时，必须要考虑基线的变化，将遗产被列入联合国教科文组织《世界遗产名录》的日期作为参考的起点。[①]

（3）预测更广泛的变化驱动因素

管理者还需要预测更广泛的遗产地影响因素，包括国家或地区经济增长、人口增长或社会态度的变化等，这些因素都可能引起环境的变化。其中，环境气候变化的预测内容包括海平面上升、温度升高、海水酸化、风暴、洪水频率及其严重程度等。

案例 14 介绍了世界遗产地大堡礁根据预测和趋势分析编写出五年期展望报告的过程。

案例14　大堡礁世界遗产突出普遍价值的趋势预测和未来展望

澳大利亚的《2014 年大堡礁展望报告》（Great Barrier Reef 2014 Outlook Report，以下简称《报告》）是目前世界遗产海洋遗址中最全面的趋势分析报告。它始于 1975 年建立大堡礁海洋公园（Great Barrier Reef Marine Park）时制定的管理规定，立法要求《报告》每五年更新一次。

《报告》基本整合了与该遗产地价值相关的所有现存信息，以及对其构成威胁的风险因素。这些信息可以从大学、政府机构、独立科学家以及对遗产地有所了解的利益相关者等处获得。经过提炼，这些信息被整理成 9 份单独的评估报告，每份报告都对各自的趋势做出了预测。

趋势评估的对象包括世界遗产海洋遗址的关键特征、影响该区域价值的风险因素、保护和管理系统的绩效，以及对不利影响的抗御能力水平。《报告》采用一套标准化的报表，根据对该区域现有数据的定性分析，评估了所有对象的等级，并加入了所用数据的置信程度指标，从而进一步完善分级。

这 9 个趋势评估报告的摘要是确定总体前景的基础，由独立的科学团队进行合作评审，可以作为调整现有管理安排的关键参考标准，以确保对世界遗产突出普遍价值进行全面、长期的保护。[②]

---

① 参考文献：Pauly D. Anecdotes and shifting baseline syndrome of fisheries 1995 and Great Barrier Reef. Outlook Report, 2014.

② 资料来源：大堡礁海岸公园管理局，http://www.gbrmpa.gov.au/managing-the-reef/great-barrier-reef-outlook-report。

任务 2　为遗产地未来的使用构建备选情景方案

对于世界遗产海洋遗址和一般的海洋保护区而言，都有多种可能的发展前景。因此，管理者不能仅仅把注意力集中在一种可能的未来上，而应该考虑多个备选的情景方案，从而选择对于所有利益相关者而言都能够实现双赢的最佳策略。目前，情景规划在海洋遗产管理中的应用仍处于起步阶段，但创建备选的空间情景是一项十分关键的任务，它为管理者指明了遗产开发的方向，并明确了管理者当下需要实施的管理操作。①

这些情景基本都是对世界遗产海洋遗址未来可能发生的故事的叙述，它们在地图上反映出的信息十分丰富，能够描述各个组成部分在空间和时间上的关系。该情景可以为政策、计划、项目或支付方式的确定提供备选方案，也能够展示某些事件或活动的发生过程。

情景规划应该创造出一个对未来的愿景，即利益相关者、社区或组织对于在遗产地工作，或利用遗产资源所期望达到的目标。情景规划还有利于管理者采取优化的管理操作，以期在达到遗产突出普遍价值保护目标的同时，实现社会经济的可持续发展。

情景规划有利于：

① 在不同的未来情景方案下，比较遗产突出普遍价值的不同影响，反映对一个或多个目标（经济发展、保护等）的重视程度；

② 确定和比较备选管理措施和政策下的折中方案；

③ 了解备选空间规划的影响，反映世界遗产地不同利益相关者的偏好；

④ 对遗产地的未来愿景达成共识，对突出普遍价值面临的最大威胁和风险达成协议；

⑤ 编写并传播引人入胜的故事，为遗产地的长期保护吸引必要的支持和投资，并采取必要的行动以取得成功；

⑥ 为利益相关者和资源使用者提供有效的培训和学习方案，促进遗产地的长期保护。

以下因素对于制定成功的备选情景方案至关重要，能够作为决策的基础：

---

① 参考文献：McKenzie E et al. 2012. Developing scenarios to assess ecosystem service tradeoffs [R]. Guidance and Case Studies for InVEST users.

第一，采用参与性方法，征求所有主要利益相关者和团体的意见；

第二，将情景以地图的形式进行描绘，使其在时空中的含义可视化；

第三，制定能够约束人类活动发展程度和发展空间的决策规则；

第四，其他可能在遗产地引起变化的因素的假设。

（1）采用参与性方法

大多数世界遗产海洋遗址都有多个利益相关者，他们在遗产地开展着多种多样的保护和营利活动。因此，管理者必须采用参与性方法来制定未来的备选情景方案，将社区成员和利益相关者聚集在一起，分享和讨论他们对世界遗产地未来的担忧、希望与梦想，并制定基于共同期望的情景方案，从而促进该遗址突出普遍价值的长期保护。

在讨论目标和展望未来的过程中，利益相关者可以了解彼此的看法，创建谈判平台，形成共同的观点，并确定保护突出普遍价值所需要采取的行动。管理者可以通过工作坊或采访的形式，从具有共同兴趣的个人或团体等处收集信息。

管理者可以询问下列问题：

• 您认为当地世界遗产的目标是什么？

• 您期望的遗产地未来是什么样的？为什么有这样的期待？

• 您所面对的挑战有哪些？

• 您认为引起遗产地变化的主要驱动力是什么？这些驱动因素在未来可能发生怎样的转变？

• 您希望执行哪些政策、项目和计划？

利益相关者与世界遗产海洋遗址正在面临的挑战和冲突相关，因此，其投入大大提高了备选情景方案的准确性、可信度和可行性。情景开发和分析的过程对决策者的影响可能与其结果一样大，甚至具有更大的影响。案例15介绍了伯利兹堡礁保护区（Belize Barrier Reef Reserve System）的管理者对未来情景的规划。

案例15　规划伯利兹堡礁的备选情景方案[①]

伯利兹堡礁保护区是世界第二大珊瑚礁系统的所在地，于1996年被列入《世界遗产名录》。除了神秘的蓝洞外，它还拥有许多全球重要的濒危物种栖息地，以及数以百计的沙洲、红树林、潟湖和河口。由于管理困难，当地突出普

———————————

① 该部分内容的基础是与自然资本项目首席战略官兼首席科学家安妮•格里的广泛交流成果。

遍价值持续恶化，该遗址在 2009 年被确定为世界濒危遗产。

伯利兹沿海区管理局（Belize's Coastal Zone Management Authority）被授权制订一项新的管理计划。为此，政府需要了解备选规划政策和保护战略及其可能的结果，并在几种可替代的空间情景方案中进行选择和投资。大量利益相关者参与和投入这一工作中，用两年多的时间制定出了备选情景方案。

研究团队初步绘制了该地区人类活动和生态系统的空间地图。随着利益相关者的参与，遗产位置及其使用强度的本地数据持续被纳入情景开发过程中。为了解利益相关者对未来的期望和目标，研究团队在 9 个沿海规划区进行了短期的调查，随后开展了公共协商。

被调查者提出了引起变化的多种驱动因素，包括气候变化、房地产投机、旅游业扩张和渔业衰退等。调查显示，许多以旅游业和渔业为生的利益相关者都希望限制伯利兹堡礁所在岛屿及周边的发展。

基于这些信息，该团队设计了三种可能的未来情景，以期权衡各利益相关者的愿景和价值观。考虑到提倡环境保护的利益相关者与提倡经济发展的利益相关者之间存在的冲突，该团队提出了三个愿景：

（a）重视保护的未来；

（b）重视发展的未来；

（c）通过知情管理制定折中方案的未来，其中包括了（a）和（b）的要素。

在这一阶段，研究团队为 9 个规划区编制了初步的地图和相关说明，并制定了三种可能的情景方案。

利益相关者通过培训和公共协商的方式二次参与了情景方案的制定，研究团队介绍了备选情景方案。随后，利益相关者提供了对未来更为具体的想法的反馈，例如对人类使用资源的位置和强度的偏好等。

为了改进情景方案、实现共同愿景，研究团队鼓励开展重复性的工作，通过多次采访和实地考察，对最初简单的"纸上谈兵"式的情景方案进行了改进。接下来，他们根据未来开发、遗产恢复等更现实的问题，对情景方案进行了调整。在为期 60 天的公众评论期间，团队收集到了来自利益相关者的最终反馈意见，并形成了最后的备选情景方案。①

在这一过程中，管理者还需要了解每一种情景方案所造成的不同结果，并权衡各种情景方案中生态系统价值及其他价值的情况。本手册的案例 16 进一

---

① 获取有关该情景方案开发过程的更多信息，可查阅 http://www.naturalcapitalproject.org/pubs/Belize_InVE ST_scenarios_case_study.pdf。

步介绍了这一步骤。

（2）在地图上描绘其他情景

地图在遗产地视觉化的过程中是一个强大的工具，有利于使不同的参与者支持共同的遗产保护目标。它能够帮助管理者清楚地说明实施某些操作在时间和空间上的结果，估计预想项目所需要的空间，并预测未来潜在的机会、冲突和相容性，从而指导管理者积极地做出决策。更重要的是，地图能够以可视化和易于理解的方式讲述遗产地的未来故事，从而让利益相关者迅速参与到决策过程中。

有许多方法可以将情景以地图的方式描绘出来，它们的复杂性也有所不同。最简单的方法是与利益相关者合作绘制手工地图，显示出每个备选情景方案中不同的人类活动地点。在偏远的地方使用纸质地图十分便捷，并且这些地图可以作为以后绘图或使用 GIS 软件创建数字地图的基础。

这些地图应该显示的内容包括：

① 需要被特别保护的区域，因为它们是未来突出普遍价值保护的关键；

② 可能集中进行开发的区域；

③ 不同区域之间的空间关系（用户—环境关系和用户—用户关系）；

④ 空间网络（海上运输路线或海洋保护区网络）；

⑤ 管理活动集中的地方。

注意：创建未来情景不是精确的科学。定义和分析未来的情景条件并非一门精确的科学，为了将未来条件可视化而开发的地图也不需要反映精确的位置。反之，它们应能够指明发展的模式、趋势和方向。管理者通常会同时扮演规划师和科学家的角色，也可能主要依赖绘图程序和其他同类型的工具，而非 GIS。这取决于管理者对技术和软件的熟悉程度。

（3）记录"决策规则"

决策的规则与备选空间情景的开发相关，具有十分重要的作用。在决定人类是否使用某个特定空间的世界遗产海洋遗址地图时，管理者需要考虑的固定规则或限制就成为决策规则。这些规则包括：

① 影响空间分配的国际和国家条例。例如，国际航行路线是以国际协议为基础的，其变更需要遵循国际海事组织（International Maritime Organization）的具体程序。

② 保障特定活动可操作性的经济和技术要求。例如，离海岸太远的人类活动在经济上是不可行的。

③ 物理和环境条件。例如，当禁采区包括了更加重要的突出普遍价值保护区时，建立禁采区具有积极的意义；但是，大多数采掘活动的开展都取决于获取目标资源的可行性，以及目标资源的质量。

④ 作为国家或区域政策的一部分，可能与环境、社会或经济条件相关的优惠政策。例如，位于巴西大西洋群岛（Brazilian Atlantic Islands）的费尔南多·德诺罗尼亚和阿托拉斯罗卡斯保护区（Fernando de Noronha and Atol das Rocas Reserves）任何时间的最大游客承载量均为 460 人。为了保护脆弱的生态系统和有限的水资源，人们严格遵守这一限制。

（4）假设情景的影响因素

为世界遗产海洋遗址创建备选情景方案需要对引起未来变化的因素做出假设。管理者需要考虑的主要问题包括：

· 在创建情景时，应该明确考虑哪些影响因素？

· 应该考虑何种数量的影响因素及其互动？

· 应该考虑哪些影响因素？一些影响因素在发挥作用时和在做出管理决策时的规模不一致，这要求管理者考虑不同层面的影响因素。

· 是否应该考虑决策者所能控制的内部和外部影响因素？虽然决策者无法对影响因素产生直接影响，但在情景中考虑这些因素有助于管理者思考如何减轻或应对那些难以预见的影响。

表 2-1 概述了在设计备选情景方案时应该考虑的常见影响因素。

表 2-1[①]　在设计备选情景方案时需要注意的影响因素

类型	影响因素	
社会与人口	· 人口增加或减少 · 移民 · 文化价值观 · 意识	· 贫困 · 饮食习惯 · 教育 · 宗教价值观
技术	· 技术创新	· 技术选择
经济	· 经济增长 · 贸易模式与贸易壁垒 · 商品价格	· 需求与消费模式 · 收入与收入分配 · 市场发展

---

① 资料来源：McKenzie E et al.，2012.

类型	影响因素
环境	• 气候变化 • 空气和水污染 • 外来物种入侵
政治	• 宏观经济政策 • 补贴、奖励和税收 • 土地利用或海洋空间的规划、分区和管理 • 社会治理与腐败 • 产权和土地使用权

任务3　预测遗产地备选情景方案的可能结果

管理者设计好备选的未来情景方案之后，需要预测每个方案的可能结果。接下来，管理者需要在可能的关键利益之间进行评估和权衡，并判断在不同的管理措施选择下，人们关注的问题可能发生的变化。

探索不同情景下的可能结果的方法如下：

• 比较不同情景的指标。例如，通过使用 GIS 或绘图程序，说明采掘活动无法进入的关键栖息地类型所占的百分比。

• 听取专家意见。例如，比较每种情景方案对遗产地重要部分的可能影响，或比较当地社区对资源的依赖程度。

• 利用模拟工具。例如，使用 InVEST 等免费的开源软件，探讨人类活动的变化对生物栖息地、关键物种数量、探访率，以及沿海风暴下自然保护水平的变化。

案例 16 将继续介绍伯利兹堡礁保护区系统的情况，分析伯利兹政府确定备选情景方案时探索可能结果的过程。

案例 16　确定伯利兹堡礁保护区未来备选情景方案的可能结果

正如案例 15 所述，广泛的利益相关者为三种空间情景方案的制定提供了丰富的信息，其中的每一种方案都预示着伯利兹堡礁在 2025 年可能出现的不同结果，也代表了人类活动受到不同的保护和发展目标驱动时，在时空上形成的不同分布状况[1]。作为该进程的一部分，政府评估了所有备选情景方案的利弊和风险，并利用这些信息商定出一个具有共识的未来设想方案。同时，这个方案也满足了社会经济和环境的可持续性目标。

分析人员使用 InVEST 栖息地风险评估模型，比较了每种情景方案下不同功能的栖息地数量。接下来，他们通过模拟推演，将栖息地的变化转化为利益相关者优先考虑的三种利益的变化：龙虾捕捞（如产量和收入）、旅游业（如旅游天数和支出）和防灾减灾（如土地保护和损害规避）。

建模结果说明了每种方案固有的利弊和风险。相关利益群体进一步商讨后认为，公众更倾向于支持"折中的情景方案"，并分析了该方案可能带来的益处。

接下来，政府使用模型进行估算，将"折中的情景方案"细化为"知情管理"情景方案，该方案最终成为当地提出的国家管理计划的核心。"知情管理"情景方案兼顾了可持续发展的期望和保护生态系统的必要性，既能够为国家带来经济效益，也支持了遗产地及其周围地区突出普遍价值的保护。[2]

任务 4　选择遗产地开发愿景

经过了以上步骤后，管理者得到了几个不同的空间情景方案。鉴于对各个目标的重视程度不同，且人类活动的时空分布情况也不均衡，每一个情景方案都通向世界遗产海洋遗址的不同愿景。除此之外，管理者还应该了解每个情景方案的利弊、风险，以及在选择目标时需要做出的权衡。

接下来，管理者选择他所倾向的备选情景方案，并确定需要采取的管理行动。世界遗产海洋遗址保护的总体目标是保护遗产的突出普遍价值，其理想状态是使突出普遍价值不受任何人类活动的影响。然而，绝大多数现实中的世界遗产海洋遗址都位于人口密集区周围，因而肩负着多种功能和用途。因此，优选方案通常是能够使遗产地在环境、社会和经济等方面都能实现可持续发展的方案。

选择最终的情景方案，即遗产地未来愿景有以下 3 个关键的标准：

第一，有效性，即哪种方案能够有效实现保护世界遗产海洋遗址突出普遍

---

[1] 资料来源：林业、渔业与可持续发展部，伯利兹综合沿海区管理计划，2013（最终草案有待政府批准），http://www.coastalzonebelize.org/wp-content/uploads/2013/06/DRAFT%20BELIZE%20Integrated%20Coastal%20Zone%20Management%20Plan%20_MAY%2020.pdf。

[2] 获取更多资料可登陆网址 http://www.coastalzonebelize.org/?p=847。

价值的总体目标。

第二，效率性，即哪种方案能够以最低的成本获得预期的结果。

第三，公平性，即哪种方案能够使成本和收益尽可能公平地在利益相关者之间进行分配。

总之，所选择的方案应当以较低的成本（效率）和更公平的方式（成本和效益的分配）实现预期目标（有效性）。

除了这些核心标准外，以下因素也可能在情景方案的选择中发挥作用：

① 随着时间的推移而发生的物理、化学、生物影响及其累积效应；

② 直接和间接的经济效应及其分配情况；

③ 达到目标所需要的时间；

④ 政治因素，例如一项计划是否为公众所接受，是否符合国家或国际的政治议程和优先准则；

⑤ 执行、监测和评价的过程中，筹集资金的可行性；

⑥ 其他可能产生的影响，如气候变化造成的影响等。

注意：备选空间情景不能从字面上简单地理解为静态、固定的未来规划地图。制定这些情景方案的关键在于帮助管理者和合作伙伴具象地看到不同管理行动对突出普遍价值的未来影响。通过对人类利用遗产资源的趋势进行描绘，可以体现出长期的过度开发对遗产突出普遍价值造成的不可逆转的影响，还可以揭示过度发展的边界问题。这样做的目的是以一种合理而灵活的方式展望未来，并根据未来的发展情况及时反思和调整。这有利于管理者摒弃被动的管理方法，转向战略性决策。

案例17 为伯利兹堡礁保护区系统的未来管理选择空间情景方案

在伯利兹，利益相关者开展了多轮协商并发表了联合声明，每轮磋商都进一步完善了情景方案的成本和效益，最终产生了协商一致的情景方案，以优化当地在今后一段时期对空间的利用。选择该"知情管理"方案是因为它提出了可持续发展的长期愿景，能够尽量减少对环境的影响，最大限度地实现生态系统的服务效益，并确保伯利兹当地人未来的经济利益。

优选的情景方案旨在减少当前遗产使用者之间的冲突，提供了一种以保护为重点的备选情景方案。但是，该愿景可能不符合国家的优先发展准则和经济发展需要。同样，以发展为重点的方案也被驳回，因为它加剧了各行业之间或遗产使用者群体之间的冲突，侵蚀了该地区包括突出普遍价值在内的自然资产。

经过两年的时间，第一个国家管理计划出台，旨在可持续地利用关键的海洋资源和生态系统资源，并保护世界遗产所在地的突出普遍价值。该"知情管理"方案现已提交至林业、渔业与可持续发展部（Ministry of Forestry, Fisheries, and Sustainable Development），预计将通过投票正式立法。对该计划的执行属于理想状况保护计划（Desired State of Conservation）的一部分，有助于将该遗址从《濒危世界遗产名录》上删除。

　　如案例 16 所示，伯利兹堡礁管理者认为，"知情管理"方案能够减少使用者之间的冲突，符合国家优先发展准则和经济发展需要，能够确保具有突出普遍价值的关键地区得到长期保护。因此，"知情管理"方案属于优选的情景方案。

　　优选的情景方案能够为选择和执行管理行动提供依据。这一过程将在步骤三——"制定海洋遗产管理路径"中进行阐述。

步骤三　制定海洋遗产管理路径

摘　要

这个步骤应当传递哪些内容？

1. 保障遗址未来愿景的管理措施；
2. 促进管理行动实施的激励措施；
3. 具有成本效益和效率的规范监测系统；
4. 展现能够为执行管理行动带来权威和资源的合作伙伴等机构的列表；
5. 开展"电梯游说"，利用世界遗产品牌吸引合作伙伴和资源。

➤ 今天的行动决定明天的愿景

在之前的步骤中，管理者已经确定了海洋遗产的现状和未来愿景，接下来需要制定海洋遗产管理路径。在这一步骤中，管理者能够明确其需要采取的最合适的管理行动，从而使遗址达到理想状态，其中包括规定人类活动的地点和时间范围，限制投入、产出和过程等。为了鼓励利益相关者支持和遵循该管理措施，管理者还需要采取一系列激励措施，以刺激和促进利益相关者的行动。此外，管理者还需要创建一个实用的规范监测系统，用于监督管理措施的遵守和实施情况。

正如本手册中所提到的，世界遗产海洋遗址几乎不可能不借助外力而仅依靠自身资源实现有效的管理。因此，管理者必须和遗址周围的团体、组织、机构和企业之间建立遗产保护和可持续发展的合作伙伴关系。在理想状态下，管理者能够与广泛的利益相关者建立稳定甚至正式的合作伙伴关系。这需要管理者拥有较高的战略沟通能力和故事讲述技巧，从而有效地说服不同的目标受众，让与遗址相关的每个人都能够参与到保护遗产突出普遍价值的行动中来。

以下任务序列将有利于指导管理者的工作：

任务 1. 确定适当、合理的管理行动；

任务 2. 制定保障执行的激励方案；

任务 3. 建立高效益和高效率的规范监测系统；

任务 4. 确定潜在的合作伙伴，选择效率和影响力最大的机构安排；

任务 5. 讲好遗产故事，借助世界遗产品牌保护突出普遍价值。

任务 1　确定适当、合理的管理行动

管理世界遗产海洋遗址的核心在于现在和未来的人类活动对遗址突出普遍价值的影响。虽然科学家们仍在尝试确定大多数海洋生态系统的功能，但真正能够被控制和管理的是发生在世界遗产海洋遗址周围的人类活动。管理者可以影响人类活动发生的地点、时间、方式和规模，甚至阻止其在遗产地内发生，从而使它们对突出普遍价值的关键要素的影响降到最低。

为了达到管理者所期望的未来情景，所采取的管理行动也应该面向遗产突出普遍价值的保护，因此，遗址管理行动应该与管理者所设立的目标、宗旨和衡量效果的指标相联系。图 3-1 指出了管理行动与管理圈层的其他方面之间的联系。这些指标将在步骤四"实现海洋遗产管理目标"中进行深入的讨论。

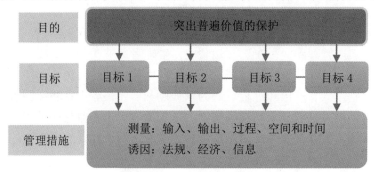

图 3-1①　**目的、目标和管理行动之间的联系，以及它们与突出普遍价值的关系**

管理者为了实现上一步骤中确定的预期未来情景，通常需要选择不同的管理行动组合。在大多数情况下，现有知识可以阐述每项管理行动的优势和弊端，并从实用性和可行性的角度减小选择范围。图 3-2 提供了不同类别的管理行动概述，它们都有利于世界遗产海洋遗址的管理。

---

① 图片来源：联合国教科文组织，世界遗产海洋计划，2014。

输入性管理行动

明确人类在世界遗产海洋遗址区可以采取的活动：

➢ 限制捕鱼行为，例如，管理在遗产地及其周边活动的渔船数量；

➢ 限制资源的过度开采，例如，限制船舶尺寸和发动机马力；

➢ 限制肥料和杀虫剂的用量，它们在农业用地上被使用后可能通过地下水排入海洋遗址。

过程性管理行动

具体说明世界遗产海洋遗址区人类活动产生的过程和性质：

➢ 限制资源获取的方法，例如，禁止长线钓鱼或使用底拖网捕捞；

➢ 采用"最具可行性技术"或"最佳环境实践"规范；

➢ 规范废弃物处理技术，用于处理来自工业、商业和城市生活的废弃物。

输出性管理行动

明确世界遗产海洋遗址区人类活动能够被允许的产出：

➢ 限制遗产地污染物的排放量；

➢ 限制遗产地捕鱼量及渔业副产品生产的数量；

➢ 限制砂砾开采吨位。

空间和时间方面的管理行动

指定世界遗产海洋遗址区人类活动时间和地点：

➢ 划定季节性封闭的地区，例如产卵区；

➢ 划定警戒区和安全区；

➢ 按遗产地使用目标划分区域，例如遗产开发区、高度保护区等。

图 3-2[①] 管理行动的分类

由于所有人类活动和海洋、海岸生态系统的功能都产生于特定的时间和空间，基于时空分布的人类活动管理措施是管理工具系统中重要的组成部分。空间和时间管理措施通常是依靠对遗产地进行分区的系统来实施的，其目的在于尽量减少遗产保护和人类使用之间的冲突，或减少不同人类活动之间的冲突。

分区系统（zoning systems）在世界各地的海洋遗址中得到了广泛的应用，它们的复杂性和包容程度不同，并可能导致不同的结果。为确保人们遵守分区的结果，分区的过程通常需要经过一系列许可，大多数分区系统也需要进行监督。案例 18 阐释了位于西澳洲（Western Australia）的沙克湾（Shark Bay）的综合分区系统在保护遗产突出普遍价值的过程中所发挥的作用。

案例 18 世界遗产地沙克湾的分区系统

位于西澳洲的沙克湾具有地球上最古老的生命形式——特殊的叠层石，以

---

① 图片来源：联合国教科文组织，世界遗产海洋计划，2014。

及盐度分异陡峭的阶梯，它们所构成的庇护洞穴和茂密的海草床为全球许多受到威胁的动植物提供了家园。因此，该地于 1991 年被列入《世界遗产名录》。

为适应不同层次的使用类型，并确保遗产突出普遍价值的保存和保护，沙克湾被划分为不同区域。休闲娱乐是沙克湾主要的使用类型，也是遗产地分区系统的重点，其中包括 9 个保护区、3 个娱乐区、6 个专用区和 1 个大型的通用区。

• 保护区仅用于观赏，不能开发和使用，管理该区域的目的是保护全球独特的海洋生命。游客可以在这些区域划船、游泳、潜水，并开展教育活动，但不允许进行其他类型的活动。

• 娱乐区仅能够用于休闲娱乐，禁止商业捕鱼、水产养殖或珍珠采集等活动。

• 专用区将海洋生物等资源的保护作为该地区管理的重中之重，只能够开展与区域保护目的相一致的活动。

• 通用区能够开展广泛的商业和娱乐活动，它不包括对突出普遍价值的长期和整体保护具有重要、关键作用的区域。

该分区系统以遗产地特殊的海洋特征及其位置的资料为基础，制作成小册子，广泛地分发给市民，在当地划船、垂钓和进行其他娱乐活动的游客都需要查阅这份文件。

其他世界遗产海洋遗址也存在类似的分区系统，例如加拿大的克卢安国家公园（Kluane）、塔茨申申尼-阿尔塞克省级公园（Tatshenshini-Alsek）和美国的兰格尔-埃利亚斯国家公园（Wrangell-St. Elias）、冰川湾（Glacier Bay），以及澳大利亚的大堡礁（Great Barrier Reef）等。最近的科学研究证实，2003 年世界遗产地大堡礁分区系统具有积极的管理效果，该系统将核心保护区的比例由 4%提高到了 33%。研究表明，在实行分区制后，鱼类的大小和丰富程度都比以前有了较大提升。

任务 2　制定保障执行的激励方案

尽管绝大多数人都认可对世界遗产海洋遗址进行保护，但在遗址地及其周边区域仍有很多不可持续的行为。约占 1/3 的海洋遗址区仍存在不可持续的捕鱼行为，如非法捕鱼和未上报的捕捞活动。在许多案例中，不可持续行为的出现是因为：对于资源使用者而言，当下的短期利益超过了为子孙后代保存遗产独特性的长远利益。

由于人们缺少一种有效的工具，用于准确地评估世界遗产海洋遗址长期提供的商品和服务的经济价值，因此，遗产的长期价值难以准确地传达给资源使用者。这也使管理者在面对不可持续的做法时，难以准确开展评估、权衡，并以此为依据做出决策。为了弥补这一差距，遗产保护工作者正在研究一种量化方法，用于衡量世界遗产海洋遗址和一般海洋保护区提供的商品和服务的经济价值。但是，这些工具若想得到证明和传播，还有很多问题亟待解决。

在缺乏可量化证据的情况下，遗址管理人员大多采用激励措施，从而鼓励资源使用者改变其对生物多样性或自然栖息地产生负面影响的行为。激励措施可以划分为积极的（鼓励）和消极的（劝阻）、直接的和间接的、规范的和松散的、主动的和被动的等类型，其总体目标在于诱导和促进管理行动的实施。广泛的激励措施可以分为两类：经济激励和非经济激励。其中，非经济激励包括监管措施、执法制裁、技术援助和公共教育等。

以下标准可以帮助管理者选择合适的激励机制[①]：

- 管理过程是否简单明确。
- 实施激励所需的时间和取得预期效果所需的时间。
- 政策是否具有可行性，即公众是否已经认识到遗产地特殊的环境问题，并同意当下已有的管理解决方案。此外，与其他社会和经济问题相比，政治家和公众是否会优先考虑该方案。

管理者想要成功地使用激励措施，就需要清醒地认识不同利益相关者在使用、管理，或受益于世界遗产海洋遗址资源时的权利和义务，并在法律上予以承认。[②]此外，管理者还应确保在不同层面上或不同机构内所采取的激励措施具有一致性。

（1）监管激励

监管激励是海洋保护区管理中最常用的激励类型，主要包括"指挥和控制"两个方面内容，涉及相关法律、法规、财产权和所有权的制定和执行，是促进管理措施实施的重要方式。这种激励措施通常以国家或国际政策，以及法律机制为基础。

监管激励措施包括渔业许可、潜水作业许可、旅游条例、商业许可、入境

---

① Bower, B., et al. 1977. Incentives for managing the environment[J]. Environmental Science and Technology, 11 (3): 250-254.

② Global partnership for oceans. Review of what's working in marine habitat conservation: A toolbox for action. 2013.

使用规定、分区规划制度、水质标准，以及世界遗产海洋遗址新项目的环境影响评估要求等。

注意：激励措施应简单明确。越是简单的规章制度越具有好的效果。反之，许多国家过于复杂的制度可能导致受益人的困惑。一般来说，一个国家的规章制度越简单，就越有可能在地方一级得到遵守；同时，地方法规也应该尽可能明确，以便人们通过当地语言进行理解。本地支持对于激励措施作用的发挥至关重要，而理解规章制度是实现这一目标的前提。相较于"禁止在五六月的高水位区域和沿海一英里（约 1.6 千米）以内的海域捕鱼"一类的规定，在海洋保护区内实行严格的禁捕令显然更容易被理解。[①]

（2）经济激励

尽管世界遗产海洋遗址保护为全球带来的效益远远超过了破坏性行为所带来的短期收益，但对当地的资源使用者来说，不可持续的资源利用行为带来的直接收益却超过了长期、可持续的管理收益。因此，在许多情况下，可持续管理对资源使用者来说不具备经济上的吸引力，在短期内地方决策者也无力承担可持续管理的费用。因此，使保护性管理具备经济上的吸引力是建立有效管理的核心挑战。

经济激励通常能够促使资源使用者改变自身的行为，以支持遗产地的可持续管理行动。目前，许多陆地遗产环境的管理已经开始使用经济和财政方面的激励措施，并逐渐成为其管理的主流做法。经济激励包括两个方面：其一是经济支持，即通过拨款、补贴和放宽用户权限等方式，鼓励人们采取可持续的行为；其二是通过税收和罚款等金融机制，防止资源使用者从事破坏性的活动。下面将介绍一些最常用的经济刺激措施[②]：

① 资源开采许可证收购。资源使用者以放弃使用权为条件所获得的补偿，例如管理者为设立禁渔区而购买渔民的渔业许可证。

② 保护性行为激励协议。资源使用者以不行使资源的使用权为条件所获得的补偿。

③ 可替代的收入来源。运用经济激励措施改变人们的谋生方式，例如为当地居民提供补贴，使其停止不可持续的资源开采行为或其他可能导致环境退化的活动，从而改变当地人的收入来源。

---

① Kelleher G. 1999. Guidelines for Marine Protected Areas[R]. World Commission on Protected Areas. Gland, Switzerland, IUCN.

② Niesten E and Gjertsen H. 2009. Incentives in marine conservation approaches[R]. Comparing buyouts, incentives agreements, and alternative livelihoods. Conservation International.

④ 以市场为导向的激励。认可并采纳可持续的资源开采行为，由于通过该种方式生产的产品具有较高的市场价值，人们的收入也会增加。案例 19 展示了世界遗产海洋遗址锡安卡恩生物保护区（Sian Ka'an）采用市场导向的激励措施进行管理的方法。

案例 19 世界遗产锡安卡恩生物保护区成功的市场导向激励机制

锡安卡恩生物保护区位于墨西哥尤卡坦半岛（Yucatan peninsula）的海岸，于 1987 年被列入《世界遗产名录》。复杂的水文系统构成了当地多样化的环境，并栖息着种类丰富的动植物群落。

2000 年，在全球环境基金（Global Environmental Facility，GEF）的支持下，当地的渔业团体开始改进他们的龙虾捕捞技术，增强捕捞活动的可持续性。例如，使用龙虾区域地图和 GPS 系统记录日常抓捕信息，逐步减少捕虾网的使用等。在获得了初步成功后，当地社区确立了 7 个重要的鱼类繁殖地点，并组织培训，使渔民掌握了新技术的使用方法。在 10 年间，社区与近 300 名成员展开合作，每年生产 150~200 吨活龙虾，使当地渔民的收入增加了 30% 以上，同时保护了至关重要的珊瑚礁和鱼类繁殖区。

2012 年，小型渔业个体户生产的大鳌虾在锡安卡恩生物保护区和新克罗牛轭湖生物圈保护区（Banco Chinchorro Biosphere Reserve）获得了海洋管理委员会（Marine Stewardship Council，MSC）的认证，使其有资格在产品上粘贴蓝色的 MSC 生态标签。该认证表明，企业已经经过了被授权的认证机构——美国海洋资源评估集团（MRAG Americas）的独立评估，并达到了可持续、管理良好的渔业标准。MSC 认证使当地渔业获得了全球支持，甚至进入国际市场，为当地提供了更多的收入福利和商业机会，同时也保护了遗产地重要的产卵区和繁养区。

目前，该项目正在逐渐扩大，预计将覆盖超过 2300 名龙虾渔民，并将使该区域的禁渔区面积增加 20% 以上。

另一种间接上促进保护的金融机制是世界遗产海洋遗址所提供的服务的经济价值，以及它们对减轻气候变化等全球威胁所做出的贡献。通过对红树林、潮汐沼泽和海草等的研究表明，这些生态系统与同等单位面积的陆地森林相比，具有更高的固碳率。

因此，世界遗产海洋遗址可以利用经济激励措施保护日益受损的生态系统，在减少气候变化的影响等方面发挥重要作用。衡量和评估世界遗产海洋生态系统对当地和国家经济的贡献，能够为保护这些不可替代的资源提供强大动力。

（3）世界遗产状态激励

世界遗产地能够被列入联合国教科文组织的《世界遗产名录》，得益于1972年《世界遗产公约》所规定的额外保护条例。《世界遗产公约》一方面对遗址的突出普遍价值予以认可，另一方面规定了缔约国在识别潜在遗址方面的职责，并明确了缔约国在保存和保护遗产中的作用。通过签署该公约，各国将保护遗产突出普遍价值的工作列入其管辖范围，并表示将共同致力于为后代保留具有普遍意义的财产。

《世界遗产公约》的执行由世界遗产委员会负责。在召开年度会议时，委员会将会对名录上遗址的保护状况进行审查，并要求没有能够妥善管理遗址的缔约国采取恰当的管理行动。当遗址的突出普遍价值面临严重压力时，委员会有权将其列入《濒危世界遗产名录》，缔约国则需要立即采取重大行动来恢复该清单上的遗址。如果某一遗址失去了它被列入《世界遗产名录》时所体现的关键特征，委员会可能会决定将该遗产完全从《世界遗产名录》中删除。阿曼阿拉伯羚羊保护区（Arabian Oryx Sanctuary of Oman）和德国德累斯顿易北河谷（Dresden Elbe Valley）曾分别在2007年和2009年被剔除出《世界遗产名录》。

虽然一项遗产被列入《濒危世界遗产名录》经常被视为一种制裁或有损名誉的事件，但这也是一种应对特定保护需求的有效机制。《濒危世界遗产名录》警示国际社会要认识到某个遗址的突出普遍价值所受到的威胁，指出管理者需要采取紧急措施以防止遗产遭到更为严重的破坏。此外，它也使遗产保护团体对那些具体并处在优先级的保护需求做出反馈。因此，将遗址列入《濒危世界遗产名录》是一种快速有效保护突出普遍价值的方式。

将一处遗址列入《濒危世界遗产名录》后，管理者需要制定并采纳一种理想的保护状态，用于说明该遗址能够从《濒危世界遗产名录》中被移除的情况，并制定出为实现这一理想状态而采取的补救管理措施。[①]案例20介绍了美国大沼泽地国家公园（Everglades National Park，参见图3-3）运用财政投资的激励措施，恢复这一标志性遗产的突出普遍价值的过程。

案例20　大沼泽国家公园被列入《濒危世界遗产名录》以保护其突出普遍价值的激励作用

大沼泽地国家公园位于美国佛罗里达州南部。作为巨大的亚热带湿地，它

---

① 资料来源：世界遗产信息中心，http://whc.unesco.org/en/activities/567/。

在维护全球生物多样性、保护佛罗里达豹和美国鳄鱼等珍稀物种方面发挥了重要作用，于 1979 年被列入《世界遗产名录》。

图 3-3① 美国大沼泽地国家公园

（© UNESCO　摄影师：Kishore Rao）

国家公园是大沼泽湿地生态系统的一部分，湿地的许多区域随着水资源控制系统的发展、农业和城市的侵蚀发生了巨大变化，而位于生态系统下游的公园则面临着更为严重的问题。由于人类活动对大沼泽景观的改变，以及佛罗里达州南部水资源的过度利用，保护该国家公园的生态完整性面临着越来越严峻的挑战。

2010 年，为了引起各方对遗产保护的注意，并推动长期修复性项目的实施，应美国政府的请求，大沼泽地国家公园被列入《濒危世界遗产名录》。世界自然保护联盟和世界卫生组织对该遗址进行监测后，联合拟订了一份理想保护状况的说明，其中包括对必要的补救措施的概述，以及衡量措施实施进度的指标。

---

① 图片来源：联合国教科文组织世界遗产中心官方网站。

早在 30 余年前，该遗产的健康状况就出现了明显的衰退趋势，将该遗产列入《濒危世界遗产名录》能够停止并扭转这一趋势，并鼓励联邦和地方两级政府共同做出改进管理的承诺。理想的保护状态有助于将现有的科学数据和多样化的管理措施纳入综合的计划中，它能够提供一套核心的参照标准，从而帮助管理者了解不同管理措施对遗址恢复的复杂总体所产生的影响。《濒危世界遗产名录》也吸引了重大修复性项目所需要的财政投资，这些项目能够使遗产在一段时间内恢复其突出普遍价值，并重新被列入《世界遗产名录》。①

（4）教育激励

教育激励，或称"道德规劝"，是指以改变人们的道德观念和价值观为目的，促使人们采取可持续的遗产使用行动，保护世界遗产海洋遗址的价值。教育激励包括公共教育和宣传活动两个部分。案例 21 介绍了哥斯达黎加世界遗产地瓜纳卡斯特保护区（Area de Conservación Guanacaste）的案例。

由于世界遗产地在全球具有公认的地位和知名度，教育激励措施有较高的可能性取得成功。在多数情况下，遗产的突出普遍价值比较容易识别，遗产管理者可以利用人们对遗产的自豪感和天生的学习兴趣教育当地人和旅游者，并影响他们的行为。

案例 21　哥斯达黎加瓜纳卡斯特保护区的教育激励

瓜纳卡斯特保护区在 1999 年被列入《世界遗产名录》。该遗址具有重要的自然栖息地和关键的濒危动植物栖息地，其中从美国中心延伸至墨西哥北部的干燥森林栖息地保存状态良好，保护了当地的生物多样性。遗址内还展示了包括陆地和海洋（沿海）环境在内的重要生态过程。

在对世界遗产地的渔业发展进行广泛研究后，管理者采取行动，将遗址管理过程中的青年教育计划由陆地部分扩大至全部区域。2006 年，在克服了最初的安全问题后，教育体验计划正式开始实施。如今，当地的孩子们可以在夏天划船、潜水、观看鲸鱼等。这些旅行多以家庭为单位，孩子们可以与父母一起进行一整天的远足旅行，这使他们更加熟悉遗址内丰富的生物多样性。

在实施教育激励措施之前，大多数孩子只能在餐盘里看到鱼类，但现在他们可以识别约 20 个埃尔哈卡尔礁（El Hachal reef）的不同鱼类。如今，当地居民越来越了解和喜爱这些来自家乡的珍稀动物，父母在孩子的劝说下将礁石改

---

① 资料来源：美国国家公园服务中心，2013。

造成养鱼场。这个计划改变了当地居民的行为，阻止了居民们有意识的偷猎行为，并让他们成为保护性政策的有力支持者。哥斯达黎加当地使用拖网捕捞鱼虾的行为遭到了基层群众的反对，这也体现了当地在环境保护方面的新兴伦理。

任务3 建立高效益和高效率的规范监测系统①

管理者确定了最佳管理行动和激励措施后，还需要确保当地的规章制度顺利得到遵守，否则管理措施无法达到预期的效果。因此，为确保资源使用者能够正确地遵守管理者为保护该地突出普遍价值而建立的管理规定，需要建立一个规范监测系统。

当前，分区管理系统在世界遗产海洋遗址得到了广泛的应用。因此，管理者需要建立一个高效益、高效率的规范监测系统，以确保资源使用者遵守区域法规。尤其是在一些地域范围较大的海洋遗产地，例如基里巴斯（Kiribati）凤凰城岛保护区（Phoenix Islands Protected Area）、厄瓜多尔加拉帕戈斯群岛（Galápagos Islands）、法国新喀里多尼亚潟湖（Lagoons of New Caledonia）的珊瑚多样性和相关生态系统（Reef Diversity and Associated Ecosystems），以及澳大利亚的大堡礁等，其规范监测系统的建立需要消耗巨大的成本。

控制管理成本的关键是建立一个"情报系统"，使管理者明确在遗产地所有具有生物多样性的区域中，最有可能违背管理规定的区域及其行为。这样的系统不仅能够实时掌握不遵守规定的资源使用者的行为动向，还可以适当缩减世界海洋遗产的巨额监测成本。

以澳大利亚大堡礁世界遗产地为例，管理者对其高风险的热点区域进行了监测和分析，并得出需要进行规范管理的渔场区域，推动组织开展了广泛的监测活动，例如低空飞行、船只巡逻、无人驾驶飞行器追踪、远程监视摄像机部署和商业渔船跟踪等。管理者在考虑活动发生的可能性、频率、强度和可能产生的影响的基础上，通过对高风险活动进行每年一度的评级等风险评估活动，确定了热点区域。风险评估的信息来源如下：

- 过去几年发生事故的频次统计和趋势分析；
- 整个地区的季节性捕捞模式；

---

① 本任务基于大堡礁海洋公园管理局于 2014 年 11 月 7 日至 11 日在澳大利亚汤斯维尔（Townsville）举行的"保护区合规管理：结构化办法"工作会议上所提供的专业知识。

- 屡次违反规定的资源使用者的行为及其社会网络；
- 市场趋势，如产品需求量、供给量和价格等；
- 战略风险与威胁评估。

通过对情报系统所收集的数据进行月度或年度审查，可以调整并实施最高效、最具影响力的监测操作。同时，管理者能够以最经济的方式使用最合适的资源和技术。

值得注意的是，强制执行只是综合规范监测系统的一个组成部分。如今，成功的监测管理系统大多使用了大范围的监测和强制性方式，包括实地监督、有针对性的教育和提高人们意识的宣传等。宣传是以最低的成本鼓励人们遵守法律和管理规范的最佳方式。表 3-1 概括了从提供信息、提高认识到法院警告和起诉等可以使人们遵守规范的方式。

表 3-1[①]　规范监测管理方式概述

成果	编号	策略
意识	1	信息
	2	教育
规范评估	3	监管
	4	审计（场地、部门、财务、系统）
	5	调查
行为调整	6	注意
	7	警示
	8	侵权告示
	9	指示与命令
	10	行政行为
	11	起诉

案例 22　加拉帕戈斯群岛世界海洋遗产的规范监测[②]

厄瓜多尔的加拉帕戈斯群岛（Galápagos Islands，参见图 3-4）位于三股洋流的交汇处，是海洋物种和特殊物种的聚集地，因其在全球范围内独有的特征，加拉帕戈斯群岛又被称为展示地球自然演化进程的"活的博物馆"。该地于 1978 首次被列入《世界遗产名录》，并于 2001 年得到延续，是联合国教科文组织世

---

① 资料来源：大堡礁海洋公园管理局，澳大利亚，2014。

② 本内容由查尔斯·达尔文基金会的戈弗雷·梅伦撰写。

界遗产委员会编号为 No.1 的遗产项目。

图 3-4^① 加拉帕戈斯群岛

（© UNESCO 摄影师：Francesco Bandarin）

该遗址特殊的地理位置使其形成了一个独特的海洋生态系统，其中包括大量对渔民具有价值的海洋生物。当地渔民有权以可持续的方式捕捞这些海洋资源，同时遗产地物种的丰富性也吸引了来自其他地方的渔船，但是外来渔船捕捞保护区内的鲨鱼和其他受保护动物是非法的。

监测这一大型世界遗产地符合规范的情况需要消耗大量资金，并且是一项十分复杂的任务。厄瓜多尔海军（Ecuadorian Navy）和加拉帕戈斯国家公园（Galápagos National Park）采用了船舶监测系统（Vessel Monitoring System，VMS）和自动识别系统（Automatic Identification System，AIS）等技术进行巡查。VMS 和 AIS 分别通过卫星和甚高频无线电（VHF radio）向公园中央的规范监测站传送全球定位系统（Global Position System，GPS）所确定的位置。这

① 图片来源：联合国教科文组织世界遗产中心官方网站。

些技术能够对世界遗产地的船只活动实施远程监控，同时这些系统中嵌入的"紧急按钮"也为渔民和其他人提供了安全保障。目前，管理者正在努力与大堡礁世界遗产地的专家商讨最佳管理措施，旨在建立一个详细的情报系统，以巩固现有的规范监测网络。

进入世界遗产地的所有游船和渔船都需要安装一个追踪系统。其中，20吨以上的船舶使用 VMS 系统，20吨以下则使用 AIS 系统。其中，VMS 的设备费用和每年的运行费用由船舶经营者承担；AIS 的设备是免费的，其发射和接收天线的系统由加拉帕戈斯国家公园运营。VMS 的运用取得了令人满意的效果，迄今为止，已有20多艘船只被定位和扣留。通过使用这些技术，遗产地的保护与可持续发展目标得到了有效保障，海上生命安全进一步得到加强。

任务4　确定潜在的合作伙伴，选择效率和影响力最大化的机构安排

在47个世界遗产海洋遗址中，仅由单一机构成功完成突出普遍价值保护的任务是非常少见的，这是因为该任务十分艰巨。幸运的是，世界遗产海洋遗址能够吸引一批实施保护行动或开展创收活动的利益相关者。在多数案例中，至少存在两个政府机构：一个负责保护突出普遍价值，另一个负责管理遗产地内部及其周围的人类活动。此外，还包括非政府组织、研究机构、商业组织和社区团体等，它们在遗产地内开展了丰富多样的活动。

虽然这些团体做出的努力往往是难以协调的，但将他们的贡献进行累加会得到大量的资金和人力资源投资，这一数目甚至远远超过了分配给遗产管理行动和管理人员的资源。只要对这些团体进行突出普遍价值重要性方面的教育，管理者就可以协调整体的管理活动并使效率和影响力最大化。

注意：如今，管理成功的世界遗产海洋遗址无一例外都确定了最重要的协作机构和合作伙伴。同时，这些机构能够团结于遗产突出普遍价值的长期保护这一共同的目标。为了让合作伙伴了解遗产的突出普遍价值，管理者可以通过平板电脑和智能手机的应用程序，分享世界遗产海洋遗址的视频和科研数据。在这些应用程序上，读者还能够看到所有世界遗产委员会的决议，以及47处世界遗产海洋遗址过去40年的报告汇编。①

---

① 获取更多信息：http://whc.unesco.org/en/marine-programme/。

　　管理者应列出各个组织在遗产地应该采取的活动列表。例如，非政府组织可能会在遗产地开展一系列项目；高等院校可能拥有当地主要物种保护状况的丰富科学的数据和信息，还可能会派遣学生和研究人员到当地进行调查。如果管理者与这些主体协调良好，并怀有一致的遗产保护和发展目标，这些积极的行动及由此产生的结果可以对突出普遍价值的保护产生实质性效果。

　　此外，私营部门可以从一个运行健康、管理良好的世界遗产地获得许多收益，尤其是那些与旅游业相关的企业，如酒店、餐厅、旅行社和邮轮公司等。举例说明，无论是对珊瑚礁系统的生态健康，还是对浮潜或潜水旅游运营者的可持续经营而言，没有泥沙和沉积物的净水都是至关重要的。虽然旅游活动产生的收益额具有地域差异，但总体而言，这些企业都得益于国际社会对世界遗产的认可，因此企业也应该对自然保护承担责任。

　　考虑到对于大多数世界遗产海洋遗址的保护而言，可利用的预算和人力资源都是有限的，因此，有效管理的关键在于形成协同伙伴关系，并围绕突出普遍价值的保护来协调各个组织的工作。管理者可以利用构成遗产突出普遍价值的特征与当前和潜在的合作伙伴进行协商。此外，将遗产突出普遍价值的保护与国家、国际上具有优先级的事项和议程结合起来，也是实现遗产地有效、持久保护的有力方式。案例23和案例24描述了世界遗产海洋遗址的管理实践方法。

案例23　世界遗产地西挪威峡湾保护目标与商业机会的协调

　　西挪威峡湾（West Norwegian Fjords）——挪威的盖朗厄尔峡湾（Geiranger fjord，参见图3-5）和纳柔依峡湾（Nærøy fjord）因其壮美的景色于2015年被列入《世界遗产名录》，它们是地球上最大、最深、最美的景点之一。

　　目前,该遗产地面临的最大挑战之一是对每年超过80万人次的访客进行可持续管理。狭窄的入口、周围的小镇，以及有限的观光时间，都加剧了保护遗产地及其水源质量所面临的挑战。正如许多其他世界遗产海洋遗址一样，当地需要从政府财政收入以外的地方吸引大量管理预算资金。

　　被列入《世界遗产名录》后，该遗产地成为协调保护目标与商业利益，从而使多方利益者达到共赢的案例。遗产管理组织抛弃了以往独立活动的做法，而是选择与私营部门一同发起了"绿色梦想2020"的共同愿景。

　　这一合作伙伴关系没有专注于游客数量的增加，而是通过努力逐渐让最绿色环保的经营者进入遗产地。经营者们同意进入市场，承诺建设与世界遗产称号相称的高质量旅游体验品牌，并从旅游收益中划分出一定的比例，用于为遗产的长期保护提供必要的资金支持。在"绿色梦想2020"愿景的引导下，遗产地内部和周边的所有工作人员与合作伙伴都被动员起来，共同为保护遗产突出普遍价值做出战略性的努力。

图3-5①　盖朗厄尔峡湾的农场

（© UNESCO　摄影师：Lars Løfaldli）

案例24　世界遗产地南非圣卢西亚国家优先事项与保护措施的协调

圣卢西亚湿地公园（iSimangaliso Wetland Park，参见图3-6）是全球重要的自然栖息地，其美丽的景色令人叹为观止，于1999年被列入《世界遗产名录》。该遗产地位于非洲大陆亚热带地区与热带地区的连接处，有着广袤的纸草芦苇（reed of papyrus）湿地，栖息着世界海洋和陆地上最大的哺乳动物。同时，它也是世界最古老鱼类的家园。

1994年，该遗址被列入《世界遗产名录》时恰逢南非民主运动的起步时期，贫穷和社会经济的不平等问题凸显，超过80%的家庭生活在贫困线以下，正式就业率低于15%，这与该地区丰富的自然资源形成了鲜明对比。因此，国家法

① 图片来源：联合国教科文组织世界遗产中心官方网站。

律在制定世界遗产地管理系统时，也规定了一项特殊的义务，即在保护该遗址突出普遍价值的同时，开展为当地人民创造就业机会的可持续经济发展活动。

开展土地养护和基础设施建设活动的目的是保护遗产地的突出普遍价值，同时它也在 11 年间创造了超过 45000 个临时就业机会，改变了当地社区居民的生活。截至 2012 年，已有 45 名当地青年通过接受高等教育，提升了环境保护和旅游经营等方面的技能，并将获得的知识反馈给当地社区。该遗址所拥有的世界遗产地位，以及新开发的品牌和营销战略等，都促进了生态旅游等可持续创收活动在未来的稳步增长。

圣卢西亚之所以在长期保护与经济收益两方面都获得了成功，是因为其与南非政府的宏观经济政策相协调。圣卢西亚遗址的管理活动作为提供工作机会和削减贫困的原生动力，已经得到了强大的政策支持，这使遗产管理者能够保护遗产免受矿井开采等来自外部的威胁。[1]

图 3-6[2]　圣卢西亚湿地公园（南非）

（© UNESCO　摄影师：Thiam，Nana）

---

① 获取更多信息可登陆网址 http://isimangaliso.com/。
② 图片来源：联合国教科文组织世界遗产中心官方网站。

任务5 讲好遗产故事，借助世界遗产品牌保护突出普遍价值①

世界各地的人们都认可联合国教科文组织的世界遗产品牌，但仅仅依靠品牌既不能使遗产地免受威胁和影响，也无法确保有充足的人力和财力资源用于遗产地的管理。在此背景下，管理者需要时刻与利益相关方进行谈判。因此，无论是吸引资金、改变资源使用者行为，还是说服决策者制定新的法规等，管理者都需要掌握有效的沟通和游说技巧。

吸引合作伙伴和受众的最好方法，是讲述一个具有连贯性、引人入胜的遗产故事。这个故事需要包括遗产地所能够带来的利益的介绍，并说明人们可以通过何种方式来维护该遗产地在《世界遗产名录》上的地位。核心故事能够有效促进遗产地的宣传，并号召人们投身于保护突出普遍价值的工作。

将遗产地的突出普遍价值列入管理计划能够帮助管理者开展工作，但其他利益相关者却无法了解和关注遗产。因此，管理者应该将遗产题词中的专业术语翻译成通俗易懂的核心故事，并将遗产地的生态和文化价值融入其中，创作出能够使听众产生共鸣的故事。

遗产故事之所以重要，是因为它们比简单的事实更触动人们的情感，更深植于人们的思想。一个成功的遗产地故事需要阐明该地具有独特性的原因、特色和价值。为了使故事更加生动，管理者可以根据听众的不同设计出一到两个故事的主角，他们可以是遗产地资源的使用者、保护者或管理者，也可以是作为突出普遍价值一部分的某种海洋生物。

接下来，管理者需要审视任务4中列出的合作机构和潜在的合作伙伴名单。该名单可能包括政府机构、商业机构、非政府组织、研究机构、政策制定者、开发商、记者、社区和其他资源使用者等，其中的每个对象都是潜在的目标受众。由于沟通和游说的时间和资源都是有限的，管理者应该准确评估各个受众相对于遗产地价值的重要性，并按照他们可能做出的贡献进行排序。

之后，管理者需要思考在列表中优先被考虑的受众所关注的核心问题，明确遗产的突出普遍价值与世界遗产品牌将如何在这些问题上使他们受益，并且挖掘每个受众能够为遗产保护目标做出的贡献，最后将相关内容精炼成简单、清晰的句子。

---

① 本部分内容基于战略通信咨询公司海洋工作与资源媒体中心的专业知识。

经过这些步骤，管理者掌握了针对不同受众的"电梯游说"方案。之所以称为"电梯游说"，其原因是游说的过程可能十分短，甚至可以在乘坐电梯的过程中进行阐述并引起人们的注意。管理者应该通过语言表述，将遗产的核心故事与听众的兴趣点联系在一起，从而吸引他们深入地了解遗产地。此外，在向真正的受众讲述遗产地故事之前，管理者可以在镜子前开展练习，或与同事和朋友进行角色演练。

游说的关键在于开启与受众的对话，而不是发表一场演讲。管理者应通过一场既能为受众带来利益、又有利于保护突出普遍价值的对话来吸引受众。在谈话的过程中，管理者需要仔细聆听受众的话语，并从语言的细节中分析受众的价值观、需求、条件，以及故事最能引起他们共鸣的部分，这些信息都将帮助管理者更好地进行游说。谈话内容一定要突出世界遗产品牌为受众带来的帮助，并让受众明白他们将如何促进突出普遍价值的保护，最终呼吁受众采取行动。

通过采用良好的交流方法与策略，管理者可以更好地吸引开展有效管理所需的资源和合作伙伴。采纳并使用这些技能有助于管理者向政策决策者、捐助者、潜在合作伙伴和访客宣传遗产地，向他们介绍世界遗产海洋遗址的重要性、遗产能够为他们带来的价值，以及合理的发展行为所带来的益处等。

注意：通过战略性沟通吸引合作伙伴和资源。沟通的方式已经不再局限于网站、通信和新闻。尽管这些渠道也很重要，但仅仅依靠它们并不能帮助管理者保护世界遗产海洋遗址的突出普遍价值。真正有效的方式是通过有策略的沟通，说服其他人加入进来，共同为遗产保护的目标而努力。战略性沟通的计划应该包括以下 7 个基本的组成部分：

- 受众优先级的排序。在最重要的事情上，谁将做出最大的贡献？
- 核心遗产故事。用三句话甚至更少的表达使遗产地及其突出普遍价值变得生动。
- 受众。管理者在和谁对话？
- 动机。受众关心的问题是什么？
- 利益。遗产地及其突出普遍价值如何使受众获益？是什么激励了他们？
- 问题。受众将解决遗产地的哪些特定问题？如何解决？
- 行动呼吁。遗产地与受众如何实现互利互惠。

需要强调的是，管理者的目标是开启与受众的对话，而不是发表一场演讲。管理者应通过一场既能为受众带来利益，又有利于保护突出普遍价值的对话来吸引受众。①

　　管理者也可以利用遗产故事和世界遗产的地位，通过简单、连贯的叙述，将那些在遗产地内部及周围工作的人们团结起来，这能够有效确保合作伙伴始终专注于维护遗产突出普遍价值这一最重要的目标，提醒他们注意与世界遗产品牌的利益一同产生的责任。当遗产地和合作伙伴可能面临来自外部的竞争压力时，这一点就显得尤为重要。例如，新喀里多尼亚（New Caledonia）于 2005 年被列入《世界遗产名录》，这使该遗址能够将 13 个地方管理委员会的所有代表团结在一起，共同为保护遗产突出普遍价值的目标而努力。第一次国家会议将所有管理人员召集在一起，他们中的大部分是印第安原住民。会议取得了巨大成功，与会各方达成一致，对分散在全国的 6 个突出普遍价值的组成部分进行维护，这对于共同保护目标的实现具有十分重要的意义②。

　　一个连贯的品牌故事将有助于管理者和合作伙伴有效开展合作，从而提高遗产地形象，带来更多的资源。案例 25 介绍了世界遗产海洋遗址瓦登海（Wadden Sea）的情况。

　　案例 25　世界遗产地瓦登海突出普遍价值的品牌与营销

　　作为世界上最大且最完整的潮间带沙地和淤泥滩系统，瓦登海于 2010 年被联合国教科文组织确认为世界遗产。它所涵盖的地域范围沿德国、荷兰和丹麦三个北海国家的海岸线延伸，总长度跨越 500 公里。

　　被列入《世界遗产名录》后，瓦登海突出普遍价值的品牌与营销实践成了遗产地管理的成功案例，并被保护和受益于世界遗产地的主要合作伙伴所共享。该遗产地的管理者将品牌视为了解遗产现状和未来愿景的机会，它有助于提高人们对该遗产地作为一个统一实体的认识，即瓦登海是世界上最具代表性的海洋区域之一，值得人们在未来加以保护、探索和享用。

　　为传达遗产地的核心故事、有效利用世界遗产品牌，瓦登海的管理者创建了一个品牌手册和工具的合集，以此来激励政府机构、资源使用者、商业经营者、环保人士和导游，对反映瓦登海世界遗产地位的共同信息进行分享和交流。该手册采用通用的图形元素，利用世界遗产核心特征等信息，以及世界遗产品牌给不同利益相关者带来的利益，制定出了一套完整的瓦登海品牌沟通标准。

　　综合的品牌工作包内不仅有手册和工具合集，还应包括通用的标志、道路

---

① 本部分内容基于战略沟通专家托里·里德的专业知识，http://oceanwork.com/。

② 获取更多信息：http://whc.unesco.org/en/news/1059/。

标识、世界遗产官方网站信息，以及简短的视频和信息传单。此外，遗产地内设置了超过 65 个信息服务亭，居民和游客可以通过"加入世界遗产大家庭"的互动项目，讲述他们与瓦登海的故事。

这些工具帮助三个国家的利益相关者讲述了一个统一的故事，并通过使用世界遗产品牌，提升了当地知名度，支持了智能管理的应用，开展了市场营销活动。最终，瓦登海的合作伙伴获得了比各自独立采取行动更大的收获。①

遗产地管理者需要掌握强大的沟通技巧，但交流本身需要丰富的专业知识。管理者可以根据本节提供的信息来寻找沟通咨询公司或主流媒体服务商，并使用这些技能来说服他们与世界遗产地合作。一方面，这些公司将为遗产管理者提供专业的培训和帮助；另一方面，作为交换，他们与著名的世界遗产品牌合作也会提升自身的地位。此外，管理团队和管理人员所需要的其他技能也同样重要。

本节内容阐述了管理者制定遗产管理路径的步骤及需要完成的任务。接下来将介绍世界遗产海洋遗址有效管理的最后一个步骤，即"实现海洋遗产管理目标"。

---

① 获取更多信息可登陆网址 http://www.waddensea-secretariat.org/。

步骤四　实现海洋遗产管理目标

摘　要

这个步骤应当传递哪些内容？

1. 有效的监督评价系统；
2. 对于是否能够实现目标或是否沿正确方向努力的理解；
3. 调整管理行动需要参考的优先级；
4. 为未来管理提供信息的简明的研究列表。

➢　拥抱改变，不断学习和适应

变化是不可避免的。因此，世界遗产海洋遗址的规划和管理是一个反复、持续的过程，即采用"适应性管理"。如果遗产地的管理系统足够强大，且具有较强的适应性，那么即使在变化的环境中，管理者也能保护遗产地的突出普遍价值。

遗产地的突出普遍价值，以及遗产保护所产生的影响都可能发生变化，这些变化会以多种形式呈现出来，包括环境改变、政策优先级转移或新经济形势的产生等。例如，气候变化可能影响未来数十年遗产地重要物种的聚居位置；科技变化可能促进遗产地珍稀资源的开发；新的开发项目可能会影响地表排泄的污染物数量，从而改变对遗产突出普遍价值具有重要意义的特定地点的环境质量。

另外，改变也具有积极的意义。遥感技术、地理信息系统、全球定位系统、水下自治系统等新兴的工具和技术能够帮助管理者迅速获得与生态系统特点及其作用相关的时间和空间数据。获取这些新信息可能会改变管理者对遗产突出普遍价值的理解，并且促使其调整管理措施。

这些改变对于管理进程来说可能只是外部因素，但也很可能会影响管理者维护突出普遍价值的预期结果。因此，对遗产地保护状况、管理行为影响、遗产周围环境变化等内容进行适当监控是十分必要的。管理者应根据监控结果调整遗产管理的目标、目的和管理措施。

本步骤能够为管理者提供一些重要的基础性指导，为其保护遗产突出普遍价值的管理行为提供可靠、及时且相关度较高的信息。这个步骤将阐明最后一个重要的内容，即实现海洋遗产保护的目标。下列任务有利于指导管理者的工作：

任务 1. 建立行为监测系统；

任务 2. 开展过程评估与成果报告；

任务 3. 根据监测结果调整管理行动。

任务 1　建立行为监测系统

管理者通过采用能适应各种变化的管理方法，可以促使管理行动沿着正确的方向前进，并实现遗产管理的未来愿景。举例来说，如果禁渔管理措施没有达到预期的效果，可能是受到了外部因素的影响，也可能是因为从一开始就没有对禁捕区的大小做出规定。

虽然外部因素的改变难以控制，但管理者可以采用适应性的管理方法来实现以下目标：首先，找到更有效的管理措施，以实现预期目标；其次，增强对目标的理解，从而在环境变化时对目标做出适当的改进。

尽管人们普遍认为适应性管理需要一套监测和评估系统，但对很多世界遗产海洋遗址来说，监测工作仍然具有临时性。通常，管理者只会挑选少数几个指标来监测环境状况，但这些指标并不足以判断究竟是管理措施导致了遗产的变化，还是运气和外部环境促使遗产状态提升或衰退。

管理者如果对目标缺乏清晰的认识，就无法监测其是否沿着正确的方向前进。因此，设计有效的监测系统要从建立清晰、可测量的目标开始。建立一套有效的监测系统与本手册步骤一中基于遗产突出普遍价值确定的目的和目标密切相关。图 4-1 说明了监测、评估以及管理过程中其他步骤之间的联系。

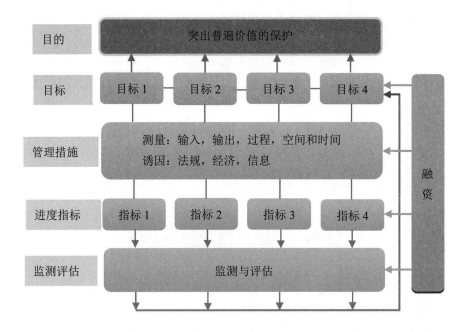

图 4-1① 目的、目标、管理措施、指标及其与突出普遍价值的关系

正如世界遗产海洋遗址管理程序的其他步骤一样，突出普遍价值也是遗产监测与评估系统的重要参考标准。因此，遗产地被列入《世界遗产名录》时所记录的数据，应作为管理者监测和评估遗产地及其突出普遍价值保护状况的基准。

突出普遍价值是建立遗产地管理目标的基础，也是监测实现目标与否的指标。将突出普遍价值作为监测方案的核心，能够使管理者的监测聚焦于最重要、影响最大的部分，能够指导管理者撰写向世界遗产委员会提交的保护状况报告。

在设计监测系统之前，管理者需要了解监测的种类：

（1）规范监测。明确人类活动是否符合保护遗产突出普遍价值的管理行动和规章制度。这一类型在步骤三中已经得到了说明。

（2）行动监测。评估管理项目的完成情况，通过比较预先设立的目标和特定管理行动的结果来评估项目的进展情况。②

---

① 图片来源：联合国教科文组织，世界遗产海洋计划，2014。

② 海洋保护区和世界遗产开展行为监测的参考文献：IUCN's publication "How is your MPA doing? A guidebook of natural and social indicators for evaluating MPA management effectiveness," and the World Heritage Centre's "Enhancing our Heritage Toolkit: Assessing management effectiveness of natural World Heritage sites" (http://whc.unesco.org/documents/publi_wh_papers_23_en.pdf)。

（3）环境状况监测。以列入《世界遗产名录》时的题词为基准，评估遗产突出普遍价值的保护状态。《世界遗产名录》的题词中通常会包含生物多样性状况、海水质量和海洋生态系统的健康情况等。这些监测的结果将会被记录在学术论文、季度或年度报告中。

注意：从采用适度的监测方案开始。最初，管理者最好选择一个相对较小的监测方案，此项方案中需要包括与突出普遍价值相关的一些关键指标，之后再根据经验扩展该方案。管理者应该优先采纳能够提供以下信息的监测方案：

- 遗产突出普遍价值最重要的状态；
- 关键目标和仍未实现的目标的情况；
- 遗产地最重要的管理和保护问题及解决举措。

世界遗产海洋遗址网站上有其他遗址在这个问题上的专业知识，管理者可以借此更好地制定监测方案。例如，菲律宾的图巴塔哈群礁自然公园（Tubbataha Reefs Natural Park）参照大堡礁世界遗产区的专业知识，修订了它的管理计划和监测指标。

案例 26　世界遗产海洋遗址和其他海洋保护区相比，在开展监测与评估时的区别

为在政府过渡期间，持续地保护构成世界遗产地位的特征，《世界遗产名录》上所有的遗产地都应遵循《世界遗产公约》于 1972 年正式制定的系统监测和评价周期。从列入《世界遗产名录》的时候起，遗产状况保护对其管理人员和合作伙伴来说都是一个"价值增加"的过程。

为了使下一代人仍能享受遗产带来的财富，国家应承担起保护遗产地的责任，并定期报告遗产地的保护状况。在年度会议上，世界遗产委员会将使用这些报告评估遗产地的状态，并且根据具体的管理要求做出决策，以解决那些反复出现的遗产保护问题。世界遗产委员会通过以下两套不同的机制来审查《世界遗产名录》中的遗产地。

（1）每 6 年提交一次的周期性报告

被列入《世界遗产名录》的遗址需要进行定期审查以确认其保护状态，审查的频率通常为每 6 年一次。周期性报告能够监测遗产突出普遍价值的保护现状及其面临的威胁，有助于制定保护突出普遍价值且符合《世界遗产公约》的法律和政策框架。周期性报告还定期为委员会提供遗产地的最新信息和环境变化的记录。它使用了一套具有连贯性的正式模板，以区域为单位，加强了地区合作，增进了国际间信息与经验的交流。最新的评估结果来自欧洲和北美地区

（http://whc.unesco.org/archive/2014/whc14-38com-10A-en.pdf）。

（2）应激性的监督报告

当遗产地的突出普遍价值面临严重的威胁时，遗产地需要开展应激监测。应激监测是周期性报告的补充，它可以在任何时候被发起。

人们通常会根据不同机制选择需要开展应激监测的遗产地。这些机制具体包括：可能影响遗产突出普遍价值的重大修复或新兴开发项目的政府官方信息；审查遗产突出普遍价值的保护状况及潜在威胁的任务；关于遗产地恶化情况、严重影响及潜在威胁的第三方信息，如非政府组织、大学、研究机构和公众提供的信息。

面临威胁的遗产地所在国家需要提交一份关于遗产地保护状况的报告，这份报告是世界自然保护联盟和世界遗产中心开展评估工作，并向世界遗产委员会提供建议的基础。

当遗产地面临特殊且紧急的威胁时，世界遗产委员会可以将其列入《濒危世界遗产名录》中。处于该名录中的遗产地需要进行强制性的年度审查，从而评估补救措施所取得的进展。委员会与有关国家合作，制定出一系列补救措施，确定理想的保护状态，遗产地实现该状态后就可以从《濒危世界遗产名录》中移除。这个理想状态所确立的目标能够避免遗产地的突出普遍价值遭到不可逆转的破坏。下面网站上的资料指导了遗产地理想保护状态的设计：http://whc.unesco.org/document/123577。

如果遗产地的突出普遍价值持续恶化，失去了获得其世界遗产地位时所具有的特点，或是没有在恰当的时间内采取必要的补救措施，世界遗产委员会可以将其完全移出《世界遗产名录》。

制定监测方案需要使用一套核心的指标，其形式可以是定性或定量的评价指标和描述现状的参数等。通过这些指标，管理者可以衡量一段时间内遗产的变化或趋势。这些指标的主要作用有三个：最大限度简化、量化监测过程和促进交流。表 4-1 总结了良好可靠的指标所具有的属性。

表 4-1[①]　良好可靠指标的特点

特点	描述
易于测量	指标应该利用现有的工具、监测计划和可行的分析工具，在支持管理所需的时间尺度上进行衡量

---

① 资料来源：M Hockings. 2008. Enhancing our Heritage Toolkit[R]. World Heritage Papers 23.

特点	描述
成本效率	由于监测资源的短缺，指标的成本应该是经济合算的
具体	可以直接观测和测量的指标更容易判断和分析，也更可能被利益相关者们接受
易于说明	指标应该反映出利益相关者们关心的问题，同时，指标的意义应尽可能被利益相关者所理解
以科学理论为基础	指标应以易于接受的科学理论为基础，而不是基于定义不当或未经有效验证的观点
灵敏性	指标应该对于监测内容的变化保持敏感，能够探测到这些变化的趋势和影响
责任性	指标应该提供针对管理措施结果的及时、可靠的反馈，从而衡量管理的效果
独特性	指标应响应其计划衡量的内容，并将其他因素的影响与其所观察的方面的反应区分开来

值得注意的是，管理者需要将测量环境状况的指标与判断管理行动效果的指标区分开来。实施监测的目的在于测量保护遗产突出普遍价值的特定管理措施的结果。它能够回答以下问题：

- 划定禁渔区的管理措施是否能实现鱼群数量的预期增长？
- 反对非法捕鱼的管理措施是否能减少这类活动？
- 利益相关者是否会支持封闭区域的划定并遵从该区域的规定？

环境状况监测的目的在于观测环境状态的变化趋势，这些变化可能会影响遗产突出普遍价值的健康状况。它能够回答以下问题：

- 海洋污染物的浓度会增加还是减少？
- 具有突出普遍价值的关键物种会增加还是减少？
- 珊瑚覆盖区会扩大还是减小？
- 富营养化或低氧环境下的"死亡区域"会扩大还是减小？

任务2　开展过程评估与成果报告

监测方案有助于管理者理解遗产地的管理行为，经过对监测结果的评估和交流后，监测得到的信息将会影响未来决策的制定。尽管资金的数量和可靠的数据都十分有限，利用现有资源开展工作也远好于无所作为。

世界遗产地对监督得到的信息进行评估时，应该专注于遗产突出普遍价值的关键要素。例如，如果某一标志性的物种构成了遗产的突出普遍价值，那么该物种的状况就是评估和交流的重点。美洲短吻鳄是大沼泽地国家公园（Everglades National Park）突出普遍价值的组成部分，因此，每年遗产地管理者在与利益相关者、决策者交流时，都会把此类生物物种及其生态环境作为评估的重要内容。

注意：管理者拥有的数据比其想象的更多。管理者常认为科学数据的缺乏加剧了制定监测方案的难度。显然，在环境系统奇特复杂、开展研究需消耗巨大成本的海洋遗址中，有关环境状况的数据和信息始终是不完整的。

然而，大学、智库、非政府组织、民间科学组织等第三方机构提供的大量数据却常常被人们忽视。管理者可以从这些利益相关方收集信息，并制定出与遗产突出普遍价值相关的指标。这一方法兼具有效性和成本效率。

如果遗产地缺乏现有的数据和信息记录，管理者可以组织专家学者共同探讨遗产地状态。这些信息汇总成的文件能够填补遗产突出普遍价值状态监测活动中识别出的空白，还能够帮助研究者和学生确定在遗产地开展工作的主题。

在对监测与评估的数据进行收集和分析后，管理者应该与合作伙伴分享监测结果，并讨论调整管理行为的相关建议。

撰写评估报告是一项富有挑战性的任务，以下技巧可以帮助管理者明确报告的重点，保证报告的可行性：

（1）在撰写报告时要考虑报告的目的及其受众，应尽可能多地了解受众，并以最适合的方式来撰写。具体而言，为政策制定者和科学家所撰写的报告需要使用不同的语言风格。

（2）在有限的资源条件下，管理者需要重点评估最重要的信息，如构成遗产突出普遍价值的核心要素。

（3）报告应尽量使用简单、生动、积极、熟悉且富有文学性的文字。

（4）当信息不可靠或不完整时，管理者应及时指出这些问题，并将其作为未来开展研究的核心需求。

（5）减少报告中对背景信息的介绍，为报告制作清晰的目录，其他必要的文本内容可以以附录的形式呈现。

（6）评估过程应有利益相关者和社区居民的参与，应充分保障利益相关各方参与协商和评估的权益。

（7）报告中应包括一系列建议。

案例 27 以世界遗产地瓦登海为例，介绍了其环境状态的监测与评估工作。报告以科学的指标为基础，对遗产突出普遍价值最重要的元素进行了评估。

案例 27　世界遗产地瓦登海的质量状况报告

每隔 5 年左右，世界遗产地瓦登海就会提交一份评估该遗产保护情况的质量状况报告。报告的内容包括：描述并评估瓦登海当前的生态环境状况；说明保护状态发生的变化及其可能的原因；列举令人关切的问题，说明其补救措施，并进行措施有效性的评估；分析专业知识方面的差距等。

最新的评估报告完成于 2010 年，其指标能够清楚地反映出遗产突出普遍价值的核心元素，例如遗产地的候鸟数量等。

如上所述，一份良好的评估报告应包括对遗产管理的强有力的建议，因为它们说明了保护世界遗产所需要采取的措施，并激励人们采取有针对性的行动。有用的建议是明确而具体的，它指出了哪些组织或单位需要在何时采取什么样的行动。在理想的情况下，为突出需要优先采取行动的领域，报告提出的建议的数量必须是有限的。此外，这些建议必须以遗产的突出普遍价值为基础，并与管理者树立的目的和目标相联系。

注意：评估管理过程的作用要关注以下 4 点。

- 不评估管理过程，就无法判断成功或失败。
- 不能认识到成功，就无法开展激励。
- 不能认识到失败，就无法纠正问题。
- 指明评估的结果，就能赢得公众的支持。[1]

任务 3　根据监测结果调整管理行动

如果管理者不重新考虑遗产地的管理行动、目的和目标，那么监测与评估的结果就毫无价值。作为遗产地管理的"经验教训"，监测与评估的结果能够为管理者和合作伙伴的工作带来理想的结果。在实践中学习，并根据学习的内容调整下一步的实践是应激性管理的关键。

应激性管理作为成功的管理方法具有诸多优势，但在遗产地管理实践中却

---

① 资料来源：美国管理委员会，奥斯本和盖布勒，1992。

较少得到实施。管理者要想开展应激性管理，需要回答以下三方面的问题：

第一，保护世界遗产地的管理行动取得了哪些成就？从成功或失败中可以得到哪些经验或教训？

第二，自该方案启动以来，管理、技术、环境和经济等方面的情况发生了怎样的变化？管理者应如何调整计划以应对这些变化？

第三，研究人员和科学家应关注的遗产的关键信息缺口是什么？即使应激性管理的基础是极为有限的监测和评估方案，也可能会揭示出未来研究工作所需要优先关注的突出普遍价值的知识差距。

管理者可以通过以下措施调整管理行为：

第一，如果实现遗产目的和目标的成本大于其对社会和环境的益处，则应该修改从突出普遍价值中衍生出的目的和目标。

第二，如果预期结果过于理想化，受到了不可控现实因素的影响，则应该修改预期的结果。

第三，如果最初的管理战略无效、不公平或成本过高，则应该修改管理措施。

评估与监测工作的结果将为未来的管理行动提供信息，管理者的下一轮计划可能会包含修订后的目的、目标和管理措施。这取决于管理者从监测结果中得到的经验教训，以及已经或正在发生的政治、经济和技术变化对保护世界遗产海洋遗址的突出普遍价值产生的影响。

注意：由于世界遗产海洋遗址的独特性，许多遗产地都对其生态过程和栖息地的演变进行了科学的研究，这些栖息地也会成为监测气候变化等长期动态过程的关键地点。例如，美国的冰川湾有一个水质监测系统，管理人员在其中收集到了过去20年的连贯数据。这些数据可以通过美国国家海洋和大气管理局（National Oceanic and Atmospheric Administration，NOAA）公开获取，以此为参照，管理者可以对世界其他可比较海域的长期变化情况进行评估。例如，在评估海洋生态系统抵御气候变化的影响（如珊瑚褪色）时，图巴塔哈群礁自然公园保持了良好的状态，可以作为其他珊瑚三角区的参照。

本步骤概述了实现海洋遗产管理目标所需要完成的任务。图4-2是一个总结性的图表，概括了本手册的各个部分，并形成了闭合的管理周期。管理者对遗产地的管理系统进行开发或调整时，可以参考此图表。

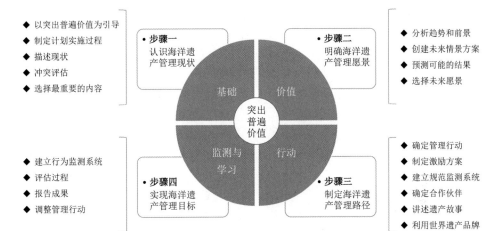

以突出普遍价值为引导
制定计划实施过程
描述现状
冲突评估
选择最重要的内容

步骤一
认识海洋遗产管理现状

步骤二
明确海洋遗产管理愿景

分析趋势和前景
创建未来情景方案
预测可能的结果
选择未来愿景

建立行为监测系统
评估过程
报告成果
调整管理行动

步骤四
实现海洋遗产管理目标

步骤三
制定海洋遗产管理路径

确定管理行动
制定激励方案
建立规范监测系统
确定合作伙伴
讲述遗产故事
利用世界遗产品牌

基础　价值
监测与学习　行动
突出普遍价值

图 4-2①　本手册总结的管理周期

---

① 资料来源：教科文组织，世界遗产海洋项目，2015。

第二部分　附录与参考文献

附录 1 世界遗产海洋遗址列表

阿根廷

瓦尔代斯半岛，1999 年

网址：http://whc.unesco.org/en/list/937

澳大利亚

大堡礁，1981 年

网址：http://whc.unesco.org/en/list/154

希尔德和麦当劳群岛，1997 年

网址：http://whc.unesco.org/en/list/577

豪勋爵群岛，1982 年

网址：http://whc.unesco.org/en/list/186

麦格理岛，1997 年

网址：http://whc.unesco.org/en/list/629

宁格鲁海岸，2011 年

网址：http://whc.unesco.org/en/list/1369

西澳大利亚鲨鱼湾，1991 年

网址：http://whc.unesco.org/en/list/578

孟加拉国

孙德尔本斯国家公园，1997 年

网址：http://whc.unesco.org/en/list/798

伯利兹

伯利兹堡礁储备系统，1996 年

网址：http://whc.unesco.org/en/list/764

巴西

巴西大西洋群岛：费尔南多·德诺罗尼亚和阿托拉斯罗卡斯保护区，2001 年

网址：http://whc.unesco.org/en/list/1000

加拿大/美国

克卢恩/兰格尔—圣伊莱亚斯/冰川湾/塔琴希尼—阿尔塞克公园，1979 年

网址：http://whc.unesco.org/en/list/72

哥伦比亚

马尔佩洛动植物保护区，2006 年

网址：http://whc.unesco.org/en/list/1216

哥斯达黎加

瓜纳卡斯特保护区，1999 年

网址：http://whc.unesco.org/en/list/928

科科斯岛国家公园，1997 年

网址：http://whc.unesco.org/en/list/820

丹麦/德国/荷兰

瓦登海，2009 年

网址：http://whc.unesco.org/en/list/1314

厄瓜多尔

加拉巴哥群岛，1978 年

网址：http://whc.unesco.org/en/list/1

芬兰/瑞典

高海岸/克瓦肯群岛，2000 年

网址：http://whc.unesco.org/en/list/898

法国

波尔图湾：皮亚纳卡兰奇，吉罗拉塔湾，斯坎多拉保护区，1983 年

网址：http://whc.unesco.org/en/list/258

新喀里多尼亚潟湖：珊瑚礁多样性和相关的生态系统，2008 年

网址：http://whc.unesco.org/en/list/1115

冰岛

萨特西，2008 年

网址：http://whc.unesco.org/en/list/1267

印度

桑达班国家公园，1987 年

网址：http://whc.unesco.org/en/list/452

印度尼西亚

科莫多国家公园，1991 年

网址：http://whc.unesco.org/en/list/609

乌戎库隆国家公园，1991 年

网址：http://whc.unesco.org/en/list/608

日本

小笠原群岛，2011 年

网址：http://whc.unesco.org/en/list/1362

知床半岛，2005

网址：http://whc.unesco.org/en/list/1193/

基里巴斯

凤凰岛保护区，2010 年

网址：http://whc.unesco.org/en/list/1325

毛里塔尼亚

阿尔金岩石礁国家公园，1989 年

网址：http://whc.unesco.org/en/list/506

墨西哥

加利福尼亚湾的岛屿和保护区，2005 年

网址：http://whc.unesco.org/en/list/1182

圣卡安，1987 年

网址：http://whc.unesco.org/en/list/410

埃尔维采诺鲸鱼保护区，1993 年

网址：http://whc.unesco.org/en/list/554

新西兰

新西兰南极洲群岛，1998 年

网址：http://whc.unesco.org/en/list/877

挪威

西挪威峡湾——挪威盖朗厄尔峡湾和纳柔依峡湾，2005 年

网址：http://whc.unesco.org/en/list/1195

帕劳

岩礁岛南部潟湖，2012 年

网址：http://whc.unesco.org/en/list/1386

巴拿马

柯伊巴国家公园及其海洋保护特区，2005 年

网址：http://whc.unesco.org/en/list/1138

菲律宾

公主港地下河国家公园，1999 年

网址：http://whc.unesco.org/en/list/652

图巴塔哈礁石自然公园，1993

网址：http://whc.unesco.org/en/list/653

俄罗斯

弗兰格尔岛自然保护区自然系统，2004 年

网址：http://whc.unesco.org/en/list/1023

塞舌尔

阿尔达布拉环礁，1982 年

网址：http://whc.unesco.org/en/list/185

所罗门群岛

东雷纳尔，1998 年

网址：http://whc.unesco.org/en/list/854

南非

伊西曼加利索湿地公园，1999 年

网址：http://whc.unesco.org/en/list/914

西班牙

伊维萨岛生物多样性与文化，1999 年

网址：http://whc.unesco.org/en/list/417

大不列颠及北爱尔兰联合王国

高夫群岛，1995 年

网址：http://whc.unesco.org/en/list/740

圣基尔达，1986 年

网址：http://whc.unesco.org/en/list/387

美国

大沼泽国家公园，1979 年

网址：http://whc.unesco.org/en/list/76

帕帕哈瑙莫夸基亚，2010 年

网址：http://whc.unesco.org/en/list/1326

越南

下龙湾，1994 年

网址：http://whc.unesco.org/en/list/672

也门

索科特拉群岛，2008 年

网址：http://whc.unesco.org/en/list/1263

附录 2　菲尔姆岛工作会议参会人员名单

乔恩·戴

澳大利亚大堡礁海洋公园管理局局长

玛丽亚·玛塔·查瓦里亚·迪亚兹

哥斯达黎加瓜纳卡斯特保护区海事协调员

费尔南多·基罗斯·布伦斯

哥斯达黎加科科斯岛国家公园 ACMIC 主任

哈拉德·马伦西奇

丹麦/德国/荷兰瓦登海遗址共同秘书处副经理

苏珊娜·奥利韦斯托

芬兰/瑞典高海岸/克瓦尔肯群岛世界遗产协调员（芬兰）

查尔斯·埃勒

法国海洋愿景组织

卡罗尔·马丁内斯

法国 MPA 代理商

贡纳·芬克

德国国际学会国际合作机构

英戈·纳伯豪斯

德国联邦自然保护局海洋及海岸保护署

吉塞拉·斯托尔普

维尔姆岛国际自然保护学院主任

德国联邦自然保护局

安德里亚·施特劳斯

维尔姆岛国际自然保护学院

德国联邦自然保护局

戴格纳·毛哈姆迪·尤瑟夫

毛里塔尼亚阿尔金岩石礁国家公园主任

玛丽亚·皮亚·加利纳·泰萨罗

墨西哥国家自然保护区委员会

塞西莉亚·加西亚·查韦拉斯

国家自然保护区委员会，

墨西哥加利福尼亚湾的岛屿和保护区

卡洛斯·拉蒙·戈丁斯·雷耶斯

国家自然保护区委员会，

墨西哥加利福尼亚湾的岛屿和保护区主任

尔玛·冈萨雷斯·洛佩斯

国家自然保护区委员会，

墨西哥埃尔维兹采诺鲸鱼保护区

塞莱里诺·蒙特斯

国家自然保护区委员会

墨西哥埃尔维兹采诺鲸鱼保护区主任

菲利普·安格奥马尔·奥尔蒂斯·莫雷诺

国家自然保护区委员会

墨西哥西安卡安生物圈保护区

卡特琳·布洛姆维克

西挪威峡湾——挪威盖朗厄尔峡湾和纳柔依峡湾遗产地主任、协调员

唐蒂·阿格迪

美国桑德海执行董事

大卫·斯威特兰

美国帕帕哈瑙莫夸基亚 NOAA 副主管

奥拉尼·威廉

美国帕帕哈瑙莫夸基亚 NOAA 监督官

参考文献

Australian Government. 2010. Shark Bay Marine Park and Hamelin Pool Marine Nature Reserve〔R〕. Recreation Guide.

Bower, B., et al. 1977. Incentives for managing the environment〔J〕. Environmental Science and Technology, 11 (3): pp 250-254.

Clarke C, Canto M, Rosado S. 2013. Belize Integrated Coastal Zone Management Plan〔R〕. Coastal Zone Management Authority and Institute (CZMAI), Belize City.

Common Wadden Sea Secretariat〔R〕. 2014. Wadden Sea World Heritage Brand Paper.

Crowder C and Norse E. 2008. Essential ecological insights for marine ecosystem-based management and marine spatial planning〔J〕. Marine Policy. 32, 5: 762-771.

Day J. 2013. Teasing apart the OUV into management objectives〔R〕. Presentation at the second World Heritage marine site managers conference, Scandola, France, October.

Douvere F and Badman T. 2012. Reactive Monitoring Mission Report Great Barrier Reef, Australia〔R〕. Paris, UNESCO World Heritage Centre and IUCN.

Douvere F and Herrara B. 2014. Mission Report Coiba National Park and its Special Zone for Marine Protection, Panama〔R〕. Paris, UNESCO World Heritage Centre and IUCN.

Ehler C and Douvere F. 2011. Navigating the Future of Marine World Heritage. Results from the first World Heritage marine site managers meeting, Honolulu, Hawaii〔R〕. Paris, UNESCO World Heritage Centre.

Ehler C and Douvere F. 2009. Marine spatial planning: a step-by-step approach toward ecosystem-based management〔R〕. Intergovernmental Oceanographic

Commission and Man and the Biosphere Programme. IOC Manual and Guides, No. 53, ICAM Dossier 6, UNESCO.

Erisman B et al. 2012. Spatio-temporal dynamics of a fish spawning aggregation and its fishery in the Gulf of California[R]. Scientific Reports, 2, No. 284, Scripps Institution of Oceanography.

Global Partnership for Oceans. 2013. Review of what's working in marine habitat conservation: A toolbox for action[R]. The Habitat Community of Practice (CoP).

Great Barrier Reef Marine Park Authority, 2014. Great Barrier Reef Outlook Report 2014[R]. GBRMPA, Townsville.

Hockings M, James R, Stolton S, Dudley N, Mathur V, Makombo J, Courrau J and Parrish J. 2008. Enhancing Our Heritage Toolkit, Assessing Management Effectiveness of Natural World Heritage Sites[R]. Paris, UNESCO World Heritage Centre.

Johnson D et al. 2013. Technical evaluation for the feasibility of a Particularly Sensitive Sea Area (PSSA) for Banc d'Arguin National Park under the International Maritime Organization regulation[R]. Report prepared for the UNESCO World Heritage Centre and the Government of Mauritania. (unpublished)

Kelleher G. 1999. Guidelines for Marine Protected Areas[R]. World Commission on Protected Areas. Gland, Switzerland, IUCN.

Lampe N and Banse L. 2013. The power of marketing and communication[R]. Presentation and working documents for the second World Heritage marine site managers conference, October, Scandola, France. ResourceMedia.

Maes F et al. 2005. A Flood of Space. Towards a spatial structure plan for the sustainable management of the North Sea[R]. University of Ghent. Belgian Science Policy.

McKenzie E et al. 2012. Developing scenarios to assess ecosystem service tradeoffs: Guidance and Case Studies for InVEST Users[R]. World Wildlife Fund.

Niesten E and Gjertsen H. 2009. Incentives in marine conservation approaches. Comparing buyouts, incentives agreeements, and alternative livelihoods[R]. Conservation International.

Papahānaumokuākea Marine National Monument. 2011. Natural Resources Science Plan 2011-2015[R].

Parsons R. 2014. Protected area compliance management: A structured approach[R]. Working meeting for marine World Heritage site managers. Great Barrier Reef Marine Park Authority. Townsville, Australia, November 2014.

Pauly D. 1995. Anecdotes and shifting baseline syndrome of fisheries[R]. Trends in Ecology and Evolution, 10, p. 430.

Pomeroy R et al. 2004. How is your MPA doing?[R]. Gland, Switzerland, IUCN.

Read T. 2014. Strategic communications for protected area managers[R]. World Parks Congress, Australia, November 2014. OceanWork Consulting.

Selkoe K et al. 2009. A map of human impacts to a "pristine" coral reef ecosystem, the Papahānaumokuākea Marine National Monument[J]. Coral Reefs, 28, pp 635-650.

Spergel B and Moye M. 2004. Financing marine conservation. A menu of options[R]. Center for Conservation Finance. Conservation Capital for the Future. World Wildlife Fund.

St. Martin K and Hall-Arber M. 2008. The missing layer: geo-technologies, communities, and implications for marine spatial planning[J]. Marine Policy. 32, 5, pp 779-786.

UNESCO World Heritage Centre. 2009. World Heritage Information Kit[R]. Paris, UNESCO.

UNESCO World Heritage Centre. 2012. World Heritage: Benefits beyond borders[R]. Paris, UNESCO.

UNESCO World Heritage Centre. 2012. Managing Natural World Heritage[R]. Resource Manual. Paris, UNESCO.

Wolff W, Bakker J, Karsten L, Karsten R. 2010. The Wadden Sea Quality Status Report - Synthesis Report 2010[R]. Wadden Sea Ecosystem No. 29. Common Wadden Sea Secretariat, Wilhelmshaven, Germany: 25-74.

后　记

　　本手册的完成离不开很多人的慷慨支持。首先，要感谢 47 个世界遗产海洋遗址的管理人员及其团队，感谢他们接待了作者的实地考察，贡献了自己宝贵的时间，并分享了他们实地工作的经验。这些经验在其他世界遗产海洋遗址中具有广泛的借鉴意义。

　　其次，要感谢德国政府主办了第一次工作会议。在这次会议上，遗址管理人员和海洋专家讨论了本手册最初的结构和内容。美国政府和美国国家海洋与大气管理局海洋保护区办公室的丹·巴斯塔及其团队提出了许多新颖的意见，这些想法将世界遗产海洋遗址从一个松散的集合，转变成具有强大功能的遗产管理网络，使其能够在 36 个国家或地区的 47 个遗产地之间分享管理的做法和经验。 2013 年，法国政府在法国斯堪多拉（Scandola）举办了第二届世界遗产海洋遗址管理人员大会，进一步加强了这项工作。会上，遗产地管理者测试了使用突出普遍价值作为管理指南的方法。

　　这项工作的开展还有赖于比利时弗兰德斯（Flanders）官方持续的财政支持，过去几年间，弗兰德斯一直是世界遗产海洋项目的忠实贡献者。目前，弗兰德斯也在支持开展一项海洋空间规划应用的创新项目，以促进世界遗产海洋遗址的有效保护，从而将联合国教科文组织政府间海洋学委员会所制定的关键性专业知识运用到世界遗产海洋遗址的未来保护中。同时，也要感谢瑞士钟表制造商积家（Jaeger-LeCoultre），它在支持世界遗产保护和在国际上推广标志性海洋生物的计划中发挥了不可或缺的作用。作者还要感谢荷兰政府提供的额外财政支持，它为本手册的完成发挥了重要作用。

　　最后，以下机构和个人对本手册的草案提供了宝贵的评论和反馈意见。其中，唐蒂·阿格迪提供了本手册的初稿；世界自然保护联盟副主席戴·拉斐利博士修订了本手册；澳大利亚詹姆斯库克大学珊瑚礁研究中心的乔恩·戴提供了利用突出普遍价值设定目标、选择管理措施以应对影响和威胁的基本意见；斯坦福大学自然资本项目首席战略官兼首席科学家安妮·格里通过她在伯利兹堡礁保护区系统的工作，为备选情景方案的构建提供了基础资料。美国冰川湾科学顾问斯科特·根德、瓦登海秘书处哈拉德·马伦西奇、菲律宾图巴塔哈珊瑚礁自然公园经理安吉丽克·松科，以及澳大利亚大堡礁海洋公园管理局局长罗素·里歇尔博士都对手册的草案提供了广泛的意见建议。作者还要感谢世界自然保护联盟世界遗产项目主任蒂姆·巴德曼，他对 1972 年《世界遗产公约》中阐述的保护状况报告的关键作用进行了分析，这些报告也推动了本手册中一些观点的形成。此外，作者还要感谢世界遗产海洋方案助理拉奇塔·卡姆基，他付出了大量时间，耐心地完成了会议筹备和其他工作任务，为本手册中专业知识和问题的收集提供了平台。

范尼·道威尔